Thalkirchen-Report

Drei Monate im Leben eines Managers

von Jörg Eschenbach

München, April 2010

Zum Autor

Jörg Eschenbach, Jahrgang 1954, international aktiver Manager und Vorstand in der Bauindustrie. Stauexperte und Pionier bei der Entwicklung und Einführung von Lean-Methoden am Bau. Lebt in München und Wien, auf der Straße und auf Flughäfen.

THALKIRCHEN REPORT

Jörg Eschenbach

Drei Monate im Leben eines Managers

hansanord

Impressum

1. Auflage 2012

ISBN: 978-3-940873-29-3

Covergestaltung, Layout: Judith Wittmann // Ju² Design
Lektorat: Scripta Literatur-Studio
Druck: Friedrich Pustet KG, Regensburg

Für Fragen und Anregungen:
info@hansanord-verlag.de

Fordern Sie unser Verlagsprogramm an:
vp@hansanord-verlag.de

hansanord Verlag
Am Kirchplatz 7 | 82340 Feldafing | Tel. 08157 9266 280
info@hansanord-verlag.de | www.hansanord-verlag.de

hansanord ist ein Imprint
des IMAGINE Verlag – Thomas Stolze

hansanord

Inhaltsverzeichnis

Du brauchst viel Humor für dieses Leben 6

Juni 2009 23

Juli 2009 81

August 2009 220

Epilog 222

DU
BRAUCHST
VIEL HUMOR
FÜR DIESES
LEBEN

Das ist doch Irrsinn

Du willst tatsächlich in einen Wohnwagen ziehen? Das ist nicht dein Ernst. Du machst Witze, Das tust du nicht!

Doch, Doro. Genau das tue ich, ob dus nun glaubst oder nicht. Ich miete mir für acht Wochen einen Wohnanhänger und beziehe Quartier in München auf dem Campingplatz Thalkirchen.

Jörg, das ist doch Irrsinn. Du kannst doch nicht während deiner Tätigkeit als Vorsitzender des Vorstands einer deutschen Aktiengesellschaft auf einen Campingplatz ziehen.

Wieso denn nicht? Die Zeiten ändern sich. Ich habe auch schon von Frankfurter Bankern gehört, die während der Arbeitswoche in ihrem Wohnmobil nächtigen. Außerdem ist unser Unternehmen nicht im DAX notiert; vor ein paar Jahren als Vorstand der Philipp Holzmann AG stand ich wesentlich mehr in der Öffentlichkeit.

So ein Quatsch! Da prallen doch unterschiedlichste Welten aufeinander. Wenn du da mal nichts durcheinanderbringst. Wie willst du denn das Freizeit-Ambiente eines Campingplatzes mit dem Ambiente einer Vorstandsetage verbinden. Deine Anzüge werden feucht und knittrig; das finden deine Geschäftspartner wahrscheinlich nicht so witzig.

Ernsthaft, ich kann da kein Problem erkennen. Meine Anzüge werden sicher nicht anfangen zu müffeln. Mir gefällt der Gegensatz, das finde ich spannend. Morgens klassisch-fein ins Büro und abends sportlich-lässig vorm Camper oder gemütlich im Biergarten. Das habe ich mir vorgenommen, und das werde ich durchziehen. Ich freue mich auch schon drauf.

Du spinnst. Du bist verrückt. Wirklich, wir sollten deinen Geisteszustand mal analysieren. Bist du dabei auszusteigen? Bereitest du deinen inneren Rückzug vor?

Wieso denn? Jetzt übertreib mal nicht. Okay, ich gebe zu, ein Wohnanhänger ist nicht gerade die übliche Lösung zur Überbrückung eines Wohnungsproblems. Aber das ist auch schon alles. Ich habe einfach keine Lust mehr auf Hotels oder auf Wohnungen, die von anderen Leuten möbliert wurden. Das zumindest könntest du doch verstehen. Diese Art von Luxus habe ich schon zu oft genießen müssen. Jetzt will ich mal was anderes. Thalkirchen ist außerdem ein wunderbarer Stadtteil an der Isar. Dort bieten sich jede Menge sportlicher Möglichkeiten, direkt vor der Campertür.

Und Andrea? Wo bleibt denn deine Frau?

Andrea zieht so lange in unser Haus in den Berchtesgadener Bergen. An den Wochenenden bin ich dann auch dort und werde bestimmt verwöhnt.

Und wer verwöhnt Andrea? Das ist wirklich eine schräge Idee. Hoffentlich bleiben dir wenigstens größere Wetterkatastrophen erspart. Ich sehe dich schon morgens mit deinen lederbesohlten Büroschuhen über die Pfützen hüpfen. Vielleicht sollte ich dir vorsorglich schon mal ein Paar Gummistiefel leihen.

Sie lacht. Ich auch.

Ich werde dir berichten, und ich nehme dich auf in meinen Fanklub. Ja, den gibt es inzwischen wirklich schon. Ich habe allen meinen Freunden versprochen, per Internet von meinen Erlebnissen auf dem Thalkirchner Campingplatz zu berichten. Ich halte dich auf dem Laufenden. So bist du fast immer live dabei.

Da bin ich echt gespannt. Und wann zieht ihr in München ein?

Ich hoffe, dass unsere neue Wohnung in Altperlach tatsächlich zum 1. September bezugsfertig ist. Ansonsten verlängert sich meine Wohnanhänger-Existenz. Das ist aber nicht geplant.

Wenigstens das. Ich besuch dich mal in Thalkirchen. Das Elend will ich mir ansehen. Ich kann`s immer noch nicht glauben. Wir könnten dann miteinander essen gehen, natürlich nur, falls du überhaupt ein Date für mich freihast. Bestimmt kriegst du einen Haufen Einladungen. Männer werden immer eingeladen.

Das ist doch okay, ich lasse mich gern einladen. Wir werden schon ein Date finden. Und natürlich gehen wir dann essen. Kochen werde ich in meinem Camper bestimmt nicht, auch nicht für dich, meine Liebe.

Okay, erst besuch ich dich, dann gehen wir essen. Machs gut, bis bald. Liebe Grüße an Andrea.

Tschüüüss und vergiss nicht, mich einzuladen.

Tschüss.

Doro ist Diplom-Psychologin und lebt in München. Sie hat sich darauf spezialisiert, das Intelligenzpotenzial anderer Leute zu testen und zu analysieren. Außerdem sammelt sie Sarotti-Mohren, weil sie so gern Schokolade isst. Was ihre Hautfarbe angeht, gibt es da gewisse Ähnlichkeiten. Doro ist hochintelligent, immer unter Strom, immer auf Achse, scharfzüngig und unempfindlich gegen Kritik und gegen Scherze. Gute Stimmung garantiert. Ob sie mich wirklich besuchen wird?

Arbeitsplatzwechsel heisst Wohnungswechsel

Stuttgart, November 2008 – Die Entscheidung über meine berufliche Zukunft ist herbeigeführt, mein künftiger Arbeitsplatz wird nicht mehr in Stuttgart sein, sondern in München. Die von der STRABAG getätigte mehrheitliche Übernahme der Gesellschaftsanteile der F. Kirchhoff AG, die ich während der letzten Jahre als Vorstandsvorsitzender führte, hat umfangreiche organisatorische Veränderungen zur Folge. Das betrifft auch die sogenannte Führungsebene. Nichts Außergewöhnliches, nichts Unerwartetes. Anders als viele Manager in vergleichbarer Situation habe ich zwar nicht meinen Arbeitsplatz verloren; Aufgaben, Verantwortung und Entscheidungsbefugnisse haben sich jedoch entscheidend verändert. Bedingt durch die Abgabe der Verantwortung für wesentliche Unternehmensteile von Kirchhoff und durch die Übernahme übergeordneter Aufgaben innerhalb des STRABAG-Konzerns, in dem tatsächlich keine mir entsprechende Position zu vergeben ist, macht die Aufrechterhaltung des Arbeitsortes in Stuttgart keinen Sinn mehr. Der künftige Arbeitsplatz wird in München sein. Wenigstens das. In München fühle ich mich zu Hause, schließlich habe ich dort studiert und weitere zwanzig Jahre lang gearbeitet. Der Termin für den Wechsel ist noch nicht genau festgelegt, ich gehe vom nächsten Frühjahr aus.

Stuttgart, März 2009 – Rückgabe der renovierten Wohnung zum 30. Juni steht fest. Aber eine Entscheidung über die Münchner Wohnung noch nicht. Mieten oder Kaufen? Reihenhaus oder Etagenwohnung? Kein Erdgeschoss (zu einfach ist der Einstieg für Unerwünschte), kein Dachgeschoss (das hatten wir jetzt zehn Jahre lang und stießen uns bestimmt einmal pro Woche den Kopf an. Macht pro Kopf 520 Anstöße. Das halten selbst unsere stabilen Köpfe auf Dauer nicht aus). Westen oder Osten oder Süden? Solln oder Bogenhausen, Schwabing oder Lehel, Pasing, Laim oder Harlaching? Überall gibt es natürlich Vorteile und Nachteile; oft überwiegen die Nachteile.

Ohne Wohnung kein Einzug. Wo sollen wir bleiben, wenn ich in München arbeite? Für Andrea ist die Lösung schnell gefunden: unser Domizil in Oberbayern. Für mich ist das definitiv zu weit, ich will und kann nicht jeden Tag an- und abreisen. Wo werde ich wohnen? Möblierte oder unmöblierte Interims-Wohnung, Unterschlupf bei Freunden, Hotel oder Boarding House?

Ich bin mir sicher: diesmal keine möblierte Wohnung, kein Hotel. Diesmal eine andere, eine besondere Lösung. Ich werde auf einen Campingplatz ziehen. Andrea hält meine Campingplatz-Idee für einen blöden Aprilscherz. Als ich ihr glaubhaft versichere, dass ich es ernst meine, versucht sie mich zunächst wieder von meiner Idee abzubringen. »Du bist doch verrückt. Willst du tatsächlich morgens um sechs mit Anzug und Krawatte zwischen Zelten und Wohnwagen voller Urlauber über einen Campingplatz spazieren. Du machst dich ja lächerlich.«

Ich bleibe standhaft. Sie kann dieser Entscheidung absolut nichts Positives abgewinnen und droht mit Besuchsverweigerung, was ich nicht so ernst nehme, ich glaube schon, dass Andrea mich mal besuchen kommt.

Während einige unserer Freunde mit Andrea ins selbe Horn stoßen und meine Idee, auf einen Campingplatz zu ziehen, nach anfänglicher Ungläubigkeit für völlig absurd halten, sind andere total begeistert. Die Geschmäcker sind eben verschieden, das gilt wohl auch für Unterkünfte. In beiden »Lagern« entsteht jedoch eine nicht unbedeutende Neugier.

»Hast du ein Wohnmobil oder ziehst du ins Zelt? Wo ist in München ein Campingplatz? Wird Andrea auch mit einziehen? Hast du schon die passende Campingplatz-Bekleidung? Hast du Adiletten? Hat dein Camper eine eigene Sanitärzelle? Wirst du kochen oder grillen? Was machst du, wenn es ständig regnet? Wirst du uns berichten?«

Und dann die imperative Steigerung: »Du musst uns unbedingt berichten! Wir wollen wissen wie's dir geht. Am besten täglich.«

Bei so viel freundschaftlichem Interesse antworte ich spontan: »Na klar, ich berichte euch. Ich schreibe ein Tagebuch. Dann kann ich euch vorlesen. Oder besser noch, ich halte euch via Internet auf dem Laufenden. Gebt mir eure E-Mail-Adresse, das ist am einfachsten.«

So habe ich binnen kürzester Zeit eine große Anzahl von Adressen, die ich unter der Datei »Rivercamp-Fanklub« zusammenfasse. Das kann ja spaßig werden, und arbeitsintensiv. Aber versprochen ist versprochen. Plötzlich überfällt mich die Idee, aus dem Tagebuch ein Buch zu machen. Ein Buch! Genau! Das ist die angemessene Form, diesen Campingplatz-Lebensabschnitt zu dokumentieren. Eine spannende Aufgabe, eine echte Herausforderung. Das reizt mich, das macht mich neugierig, macht mich neugierig auf mich selbst, auf Eschenbach, über seine Rolle als Unternehmenssanierer und Über-den-Tisch-Gezogener hinaus. Reicht mein Durchhaltevermögen, reicht meine Zeit, reicht meine Fantasie? Werde ich wirklich etwas zu erzählen haben?

In Sachen Wohnung kommt es Ende März zur finalen Entscheidung. Wir mieten uns in ein denkmalgeschütztes Haus in Altperlach ein. Das Haus ist nach Totalentkernung noch im Bau. Einzug erst zum 1. September möglich. Das heißt, ich brauche für mindestens acht Wochen eine Übergangslösung plus zwei Wochen Urlaub. Das heißt acht Wochen Campingplatz in München.

Die Luxus-Lösung

Mein erster Gedanke. Ich miete mir ein Wohnmobil, richtig groß und komfortabel. Komplettausstattung. So könnte ich eventuell auch meinen Stellplatz bei Bedarf ohne großen Aufwand ändern. Oder vielleicht auch mal mit Andrea zu einem Wochenendausflug ausrücken.

Ich starte eine Recherche im Internet. Und siehe da, es gibt wirklich feine Teile, ausgestattet mit allem, was ein guter Hausstand zu bieten hat, zusätzlich jedoch hochflexibel. Bei einem Blick auf die Preise ist dieser Plan jedoch schnell verworfen. Unter der zu erwartenden schlechten Auslastung – nur eine Person, nicht an Wochenenden, häufige Dienstreisen – und unter Berücksichtigung zusätzlicher Stellplatzmieten ergibt sich ein nettes Euro-Sümmchen pro Nacht. Dafür könnte ich mich locker in ein First-Class-Hotel einquartieren. Also leider kein Wohnmobil.

Die Abenteuer-Lösung

Mein zweiter Gedanke. Ich ziehe in ein Zelt. Das ist Camping total. Rechteckig, klassisch, pur. Die echte Outdoor-Abenteurer-Expeditions-harte-Männer-Lösung. Wir haben noch ein Zwei-Mann-Leichtbauzelt mit reichlich Zubehör: Isoliermatten, Daunenschlafsäcke, Gaskocher, Gaslaterne,

Alutöpfe, Plastikgeschirr, Aluboxen und noch allerlei vor zwanzig Jahren angeschafften Das-brauchst-du-unbedingt-auch-noch-Kram. Alles noch voll funktionsfähig. Dann stelle ich mir vor, wie ich in diesem Zelt zwei Monate leben könnte. Eine wahrlich harte, entbehrungsreiche Zeit stünde vor mir. Stehen im Zelt unmöglich. An- und Ausziehen nur halb im Liegen. Essen und Trinken bestenfalls im Schlafsack sitzend, nicht zu aufrecht. Kein Vorraum, keine Lagerfläche. Wohin mit meinen von Andrea so liebevoll gebügelten Hemden, meinen Boss-Anzügen, meinen Zegna-Krawatten? Abgesehen von der Gefahr möglicherweise nicht ausreichender Kleidungsqualität sehe ich gesundheitliche Gefährdungen auf mich zukommen: Rückenschmerzen, Blasenentzündung, Wundliegen und dann noch die Gefahr einer gestörten Reintegration. Das alles möchte ich wirklich vermeiden. Die Zeltausstattung aus den eigenen Beständen ist nicht nutzbar.

Ich starte eine Internet-Recherche. Und siehe da, es gibt wirklich feine Teile.

Traumhaft große Familienzelte mit moskitosicheren Fenstern, mit Stehhöhe, mehreren Abteilen, Vorraum, regendicht eingeschweißtem Fußboden, sturmsicher, für bis zu sechs Personen, inklusive Aufbauanleitung. Und dann gibt es noch die sogenannten Gruppenzelte, gut für eine ganze Pfadfindergruppe, leider alle ohne Boden, aber supergeräumig. Dazu die notwendigen Einrichtungsgegenstände: Feldbetten (zwei, vielleicht kommt Andrea doch mal auf Besuch), Kühlschrank, Kochstelle, Campingtisch und Stühle, Aluboxen zur Aufbewahrung von Wäsche, Aluboxen zur Aufbewahrung von Lebensmitteln, Aluboxen für alles, Beleuchtung, Geschirr und den unabdingbaren Das-brauchst-du-unbedingt-auch-noch-Kram. Ich sehe mich in meinem kuscheligen Schlafsack auf meinem neuen ultraschmalen Feldbett liegen, mein Einschlafbierchen auf der seitlich postierten Alubox stehend. Höre die englisch sprechenden Zeltnachbarn über ihre morgigen Besichtigungsziele in München diskutieren: Hofbräuhaus – Nymphenburg – Pinakothek. Ich denke an Regen.

Ich rechne mal alles zusammen, und wieder ergibt sich ein nettes Euro-Sümmchen. Und was mache ich mit dieser wunderbaren Fernreise-Camping-Komplettausrüstung nach zwei Monaten? ebay oder Aussteigen?

Die Jesolo-Lösung

Mein dritter Gedanke. Ich ziehe in einen Wohnwagen. Auch so was besitzen wir nicht, und die bisherigen Erfahrungen sind im Datenordner »Negativ, nicht empfehlenswert« abgespeichert.

Vor vielen Jahren reisten Andrea und ich mit einem Pick-up durch Schottland. Im tiefsten Norden waren wir in der einsetzenden Dämmerung dringend auf der Suche nach einer Übernachtungsmöglichkeit. Ein Hinweisschild »Bed and Breakfast« schien die Rettung. Wir folgten der Wegweisung und standen nach einigen Hundert Metern Feldweg vor einem kleinen Wohnhaus. Davor ein Wohnwagen. Nach Kontaktaufnahme mit der schrillen Landlady stellte sich heraus, dass der Wohnwagen das Gästezimmer war. Mangels Alternative und trotz erheblicher Bedenken und großem Unbehagen entschieden wir uns, zu bleiben. Zum ersten Mal in unserem Leben betraten wir dann einen Wohnwagen.

Wegen der ewigen schottischen Feuchtigkeit und möglicherweise auch aufgrund mangelnder Pflege hatte das Innere des Wagens einen grausigen Eigengeruch entwickelt.

Glücklicherweise hatten wir an diesem Nachmittag in einer Destillerie eine schöne Flasche Single Malt erstanden. Aber trotz reichlich gefüllter und dann geleerter Gläser war es uns unmöglich, unsere müden, leicht betäubten Häupter in das bereitstehende Wohnwagenbett zu legen. Uns grauste ganz fürchterlich wegen des Gestanks. Schließlich kuschelten wir uns tief in die eigenen Schlafsäcke auf der schmalen Eckbank. Ob das Kopfweh am folgenden Morgen vom Malt oder von den Ausdünstungen des Schimmelpilzes herrührte, konnten wir nicht klären. Jedenfalls vermeiden wir seither jeden Kontakt mit Wohnwagen. Der Gedanke an Wohnwagen löst unmittelbar Kopfschmerzen aus.

Trotzdem starte ich eine Internet-Recherche. Und siehe da, es gibt wirklich feine Teile. Große, top ausgestattete Mobile Homes. Viele Meter lang. Mit moderner Kombüse, Heizung, Sanitärraum mit Dusche und Toilette, Wohnzimmer, mehreren Betten und reichlich Stauraum. Die ganz Großen erinnern mich – nein, nicht an Schottland – an die Wohnstätten der dauerhaft Nichtsesshaften, der Artisten und Dompteure von Zirkus Sansibar und Co. Schweiß- und Löwengeruch steigt mir in die Nase. Bei aller Sportlichkeit, das ist nicht meine Liga. Diese Größenklasse bleibt den Spezialisten vorbehalten. Auch wenn ich mir so ein Ding zulege, bin ich noch lange nicht geeignet auf dem Hochseil Salti zu schlagen oder den Löwen Respekt einzuflößen. Die Kleinen erinnern mich an die Behausungen der Wächter großer Schafherden. Ich höre es bereits vielstimmig blöken, und durchdringender Schafsgeruch steigt mir in die Nase. Ich könnte zum Hirten oder zum Wolf mutieren. Das ist auch nicht meine Liga. Aber da gibt es noch die Fünf-Meter-Klasse. Für den ungeübten Hängerzieher noch beherrschbar und auch komplett ausgestattet. Das könnte meine Liga sein.

Im Raum München finde ich einen Vermieter mit entsprechenden Wohnwagen: *Family Caravan*. Der erste Anruf ist erfolgreich, die Chefin, Frau Gebert, gibt mir kurz und knackig alle gewünschten Auskünfte. Die von mir angepeilte Fünf-Meter-Klasse ist im vorgesehenen Zeitraum verfügbar, der Preis ist angemessen. Ich vereinbare einen Besichtigungstermin.

Besichtigungstour

Wenige Tage später bin ich auf dem Weg nach München. Mein Ziel ist der vereinbarte Treffpunkt in Gräfelfing bei München. In der angegebenen Straße kann ich jedoch weit und breit keine Wohnwagen erkennen. Nach erneuter telefonischer Rücksprache erwarte ich die Chefin auf dem Parkplatz eines nahe gelegenen Getränkemarktes. Nach einigen Minuten kommt sie auch schon zügig um die Ecke, in einem VW Caddy. Ich folge dem Fahrzeug. Ein großes Zufahrtstor wird per Funk geöffnet, dahinter ein unbefestigtes, kiesiges, biotopähnliches Gelände. Keine Wohnwagen zu sehen. Off Road geht es leicht bergab nach rechts um eine Buschreihe herum, und da stehen sie, die Objekte der Begierde, gut zehn nagelneue Wohnwagen. Um mit meinem Auto auch auf den letzten Metern der Zufahrt nicht aufzusitzen habe ich per Knopfdruck die Bodenfreiheit um einige Zentimeter erhöht. So erreiche ich die Wohnwagen-Abstellfläche, ohne Schaden zu nehmen, und steige aus. Die Chefin war schneller und wartet bereits. Mit unverhohlener Neugierde mustert Sie mich und fragt sofort nach.

»Sie wollen einen Camper für sich mieten? Und der soll für zwei Monate hier in München stehen? Auf welchen Platz wollen Sie denn gehen?«

»Ich will nach Thalkirchen, ich brauche das Teil von Mitte Juni bis Mitte August.«

»Für acht Wochen nach Thalkirchen? Von Thalkirchen habe ich nicht viel Gutes gehört, Durchgangsbahnhof, schlecht gepflegt. Es soll einige Diebstähle und Übergriffe gegeben haben. Passen Sie bloß auf.«

So leicht bin ich nicht zu erschrecken. Will sie ihren Camper nicht vermieten?

»Bis zur Wiesn bin ich ja wieder weg, Außerdem habe ich keine Alternative im Raum München entdeckt. Ich werde mir den Platz aber noch ansehen.«

Nächste kritische Nachfrage mit Blick auf meinen Achtzylinder:

»Haben Sie da eine Anhängerkupplung dran, oder sollen wir Ihnen den Camper nach Thalkirchen ziehen?«

»Nein, das mache ich schon selbst.«

»Haben Sie schon mal einen Wohnwagen gehabt? Wollen Sie den eigentlich alleine nutzen?«

»Null-Komma-null Wohnwagenerfahrung, aber Sie werden mir bestimmt eine vollumfängliche Einweisung geben. Der Rest ist learning by doing. Und ich ziehe alleine ein.«

Um weiteren Fragen zu meinem Familienstatus zuvorzukommen, erläutere ich mein vorübergehendes Single-Dasein.

»Also haben Sie einen beruflichen Einsatz hier in München?«

Allmählich werde ich etwas ungeduldig, bin ich doch wegen einer Besichtigung hierhergekommen. Trotzdem beantworte ich auch diese Frage korrekt und freundlich;

schließlich will ich, dass sie mir einen ihrer Wohnwagen vermietet.

Frau Gebert sieht mich noch mal genau an, wie ich hier im dunkelblauen Anzug vor meiner silbergrauen Limousine auf ihrem mit allerlei Kraut bewachsenen Kiesgrundstück stehe.

»Und warum gehen Sie dann nicht ins Hotel?«

Vorsicht, Eschenbach: Freundlich bleiben!

»Ich habe schon so viele Nächte im Hotel verbracht. Diesmal will ich eine andere Lösung. Diesmal ist Camping angesagt. Darf ich jetzt mal einen Blick in Ihre Wohnwagen werfen?«

Also kommen wir endlich zur Sache. Frau Gebert schließt einen der circa fünf Meter langen neuen Dethleffs-Camper auf. Innen alles perfekt, ist ja auch fabrikneu. Komplettausstattung, wie im Internet beschrieben. Zusätzlich liefert »Family Caravan« noch die notwendige Ausstattung: Gläser, Geschirr, Besteck, Töpfe und sonstige Küchenutensilien.

»Ich werde bestimmt nicht kochen!«

»Wie Sie wollen; ich werde Ihnen vorsichtshalber trotzdem alles zur Verfügung stellen. Ist im Preis inbegriffen. Wenn Sie wollen, kann ich Ihnen auch noch ein Vorzelt leihen. Falls es mal regnet, ist das sehr angenehm, dann stehen Sie, wenn Sie die Tür aufmachen, nicht gleich im Nassen. Und Sie können dort Campingtisch und Campingstühle aufstellen; kann ich Ihnen auch leihen.«

»Hört sich gut an; würde mich freuen, wenn Sie mir das auch noch zur Verfügung stellen könnten.«

Obwohl ich natürlich davon ausgehe, dass es nicht regnen wird (welch ein Irrtum). Wir sprechen noch über die genauen Daten, über Abholung, Einweisung und Rückgabe. Der Preis ist noch der Gleiche wie telefonisch mitgeteilt. Alles macht einen wohldurchdachten, professionellen Eindruck.

»Okay, einverstanden. Ich möchte ihn gern mieten.«

»Dann schicke ich Ihnen einen Mietvertrag zu und bitte Sie um kurzfristige Überweisung der Anzahlung.«

»Gut. Besten Dank. Machen wir so.«

Wir verabschieden uns. Ich entferne verschiedene an meinen dunkelblauen Hosenbeinen anhaftende Pflanzensamen, steige in mein Auto ein und verlasse den Camper-Parkplatz.

Campingplatz Thalkirchen

Nachdem ich mich nun definitiv für einen Wohnwagen entschieden habe, fehlt mir noch ein Stellplatz. Der Homepage des Campingplatzes im Münchner Stadtteil Thalkirchen habe ich entnommen, dass die maximale Aufenthaltsdauer auf zwei Wochen beschränkt ist. Das bedarf einer persönlichen Abklärung. Dauercamper sind hier offensichtlich unerwünscht. Auch möchte ich gern einen Stellplatz reservieren; schließlich soll mein Vorhaben nicht an einem ausgebuchten Campingplatz scheitern.

Ich bin in München, einer Besichtigung steht nichts entgegen. Allerdings war ich noch nie auf dem Campingplatz in Thalkirchen, warum auch. Mein Navigationsgerät gibt mir leider keine Hinweise auf Campingplätze, so hilft nur der gute alte Stadtplan und die Hoffnung auf ein paar Hinweisschilder. Das letzte entscheidende Hinweisschild an der Isar ist so gut eingewachsen, dass ich es trotz Dreißiger-Zone übersehe und erst einmal mein Ziel verfehle. Aber was so vielen Campern aus allen möglichen Ländern der Welt gelingt, sollte auch mir gelingen. Und es gelingt. Nach einem kleinen Umweg über den Münchner Tierpark biege ich in die Zentralländstraße ein; nach einigen Hundert Metern kommen links die ersten Zelte und Wohnmobile in Sicht. Meine Neugierde steigt. Ist der Platz schon gut besucht? Was sind das hier für Leute? Wie wird es hier wohl aussehen? Und noch ein eingewachsenes Hinweisschild, leicht bemoost, tagsüber überflüssig, nachts unsichtbar. Links die Zufahrt zum Campingplatz, reichlich Schlaglöcher, das erzeugt Abenteuer-Feeling. Ich fahre durch das Eingangstor, vorbei an einem verglasten ebenerdigen Rezeptionsbau, zu einem Parkplatz, offensichtlich für Besucher oder für unschlüssige Ankömmlinge.

Die beiden Platzwächter haben mich bereits in den Fokus genommen. Beim Näherkommen steigt die Intensität der Bemusterung. Mit meiner Businesskleidung falle ich hier gleich auf.

»Grüß Gott, was wünschen Sie?«

Offensichtlich werde ich hier nicht als potenzieller Camper eingestuft, vielleicht erwartet man nun von mir eine vorwurfsvoll formulierte Bemerkung der folgenden Art: »Guten Tag. Dr. Ichweißallesbesser, Rechtsanwalt, ich vertrete die Familie Wirkönnennichtsdafür, deren Luxuswohnmobil letzte Woche von ihrem Platzhund angepinkelt wurde.«

Stattdessen: »Hallo, Grüß Gott, ich möchte ab Mitte Juni für zwei Monate mit meinem Wohnanhänger hier auf den Platz ziehen.«

Die Antwort kommt etwas ungläubig, aber prompt: »Ja, dann kommens halt.«

»Kann ich einen Stellplatz hier bei Ihnen reservieren?«

»Nein, könnens nicht. Wir reservieren grundsätzlich nicht. Das ist zu kompliziert. Wer zuerst da ist, malt zuerst, aber im Juni ist das eh kein Problem.«

»Und das mit der Zwei-Wochen-Frist? Auf Ihrer Homepage steht, man kann nicht länger als zwei Wochen bleiben.«

»Da werden wir uns schon einig werden, Sie müssen halt spätestens nach zwei Wochen zahlen. Danach können Sie ja wieder einchecken.«

Hört sich großzügig an.

»Okay, gut, wenn das so einfach ist. Haben Sie was dagegen, wenn ich mal eine kleine Besichtigungsrunde drehe?«

»Nein, am besten Sie fahren gleich hier rechts an der Isar entlang, da sind die Stellplätze für die Wohnanhänger und Wohnmobile.«

»Besten Dank und auf Wiedersehen im Juni.«

Die beiden Platzwächter schauen mir nach, immer noch etwas ungläubig. Ich besteige meine Limousine und starte meine Rundfahrt in die angegebene Richtung.

Die Standplätze entlang der Isar, genau genommen an einem Seitenkanal der Isar, machen auf mich einen attraktiven Eindruck. Echte Ufergrundstücke, leider durch einen Zaun vom Wasser abgetrennt. Alles noch dünn besiedelt; das wird sich im Sommer sicher ändern. Für mich wird sich hier bestimmt was finden lassen. Meine Rundfahrt ist trotz Langsamfahrt schnell beendet, ich winke den Platzwächtern nochmals zu und verlasse den Platz in Richtung Stuttgart. Meine Neugier ist befriedigt. Das nächste Mal werde ich hier mit Wohnanhänger vorfahren, da bin ich mir sicher.

JUNI 2009

Isarwelle

Von: Joerg Eschenbach
Gesendet: Freitag, 12. Juni 22:54
An: Rivercamper-Fans
Betreff: Auf Los geht's los

Hallo, liebe Campingfreunde,
mein Los geht los. Morgen werde ich mit Andreas Auto, das im Unterschied zu meiner Limousine eine Anhängerkupplung hat, meine Interimsunterkunft auf den Campingplatz im Münchener Stadtteil Thalkirchen ziehen. Ich bin schon gespannt, ob mein Traumplatz direkt am Isarufer noch zu haben ist.
Bis bald, ich werde Euch berichten.

Grüße vom noch nicht obdachlosen Jörg

Von: Joerg Eschenbach
Gesendet: Sonntag, 14. Juni 15:04
An: Rivercamper-Fans
Betreff: Am Isarstrand

Hallo, liebe Freundinnen und Freunde,
mein Haus steht jetzt am Isarstrand. Ab Mittwoch könnt Ihr mich besuchen. Bitte voranmelden, meine Sitzmöglichkeiten sind beschränkt, insbesondere dann, wenn es mal regnen sollte. Gestern habe ich, unterstützt durch meinen Freund Johnny, meinen riesigen Wohnanhänger in Position gebracht. Die Fahrt mit der ungewohnten angehängten Fracht absolvierte ich sehr vorsichtig. Alles lief perfekt, keine frühzeitigen Schäden.

Der Wassertank ist aufgefüllt, der Strom ist angeschlossen, der Kühlschrank läuft. Erste Lebensmittel sind eingelagert. Meine Kleider-Grundausstattung ist verstaut. Das Bettzeug liegt für die erste Nacht bereit.

Auf dem Platz sind schon reichlich Urlauber und Reisende eingetroffen; auf die ersten Kontakte bin ich echt gespannt. Vor unserer Rückfahrt nach Stuttgart haben Johnny und ich das Campingplatzareal noch inspiziert. Kurzer Blick in die Sanitäranlagen. Na ja. Platzrestaurant mit Kiosk. Auch na ja. Ich habe zum Glück meine eigene Kombüse. Wurstbude vor der Platzeinfahrt. Nur für den absoluten Notfall. Die nächsten Biergarten-Eldorados sind glücklicherweise per Rad in nur wenigen Minuten erreichbar; damit sollte die Versorgung jederzeit gesichert sein. Und dann die Attraktion: die Isarwelle. Tanzen auf der Isar möglich. Ein Grundwehr im Zulaufkanal der Floßlände erzeugt eine stehende Welle. Am Ufer stehen in Reihe wartend bestimmt dreißig Surfer und hoffen auf ihren baldigen Einsatz. Vorne angekommen, werfen sie ihr Brett ins Wasser, springen drauf und besurfen die Welle bis zum Sturz, der sich bei den meisten bereits nach wenigen Sekunden einstellt. Auf dieser Welle muss ich in diesem Sommer auch mal stehen. Um das notwendige Feeling zu entwickeln, leihe ich mir von einer freundlichen Surferin ein Brett, stelle mich kurzerhand in die Reihe, Johnny fotografiert mich.

Ich springe natürlich nicht ins Wasser. Erstens habe ich keinen Neoprenanzug an. Zweitens hätte ich als totales Greenhorn null Chance, auch nur eine Sekunde auf dem Brett zu stehen. Das muss geübt werden.

Ihr seht, Langeweile wird hier nicht aufkommen.

Grüße vom Isarwellentänzer Jörg

Von: Joerg Eschenbach
Gesendet: Dienstag, 16. Juni 08:58
An: Rivercamper-Fans
Betreff: Im Ernst

Hallo und guten Morgen, liebe Campingfreunde,
wie Ihr alle wisst, vor dem Spaß kommt der Ernst. Und es ist bereits ernst! Vor einigen Stunden haben wir die letzte Nacht in unserer Stuttgarter Wohnung beendet. Unser kompletter Hausrat ist eingeschachtelt oder kunstvoll verhüllt. Zwei Container stehen vor dem Haus. Die Möbeljungs installieren gerade den Außenaufzug. Der Stuttgarter Himmel weint.

Heute Abend geht es dann auf zum neuen Ufer, zu meiner neuen Villa am Fluss. Wenn es so weiterregnet, werden die letzten Meter geschwommen. Andrea ist mein erster Gast und macht Zwischenstation auf ihrem Weg zu unserem Haus in Oberbayern, unserem Rückzugs-Eldorado in den Bergen, das sie dem Campingleben bei Weitem vorzieht.

Herzlichen Dank auch für Eure aufmunternden und verständnisvoll einfühlsamen »Mails«.

Ich wünsche Euch einen schönen Tag, denkt ab und zu an uns, bis bald direkt vom Strand. Dies ist die allerletzte Nachricht aus unserer Wohnung in Stuttgart, jetzt wird der Computer abgebaut.

Euer Jörg

Hausrat verlassen

Stuttgart, 16. Juni – Unser Hausrat hat Degerloch verlassen. Einige Teile, auf die wir meinen, während der nächsten zehn Wochen unmöglich verzichten zu können oder deren Verladung in die Möbelcontainer schlichtweg vergessen wurde, füllen sämtliche Leerräume unserer beiden vor dem Haus geparkten Autos.

Nochmalige etwas wehmütige Verabschiedung von unseren liebgewonnenen Nachbarn, Beteuerungen des baldigen Wiedersehens, lebenslange gegenseitige Angebote für Unterkunft und Verpflegung. Wir wissen, dass wir uns nicht mehr so oft treffen werden wie bisher. Andrea und ich werden wieder Wurzeln schlagen in München, alte Freundschaften erneuern, neue Freundschaften schließen. Die Freundschaften an verlassenen Wohnorten sind nicht leicht zu pflegen. Das wissen wir aus Erfahrung, und das schmerzt auch. Die Zeit treibt Keile zwischen Freundschaften, das werden wir nicht verhindern können. Aber ebenso wird sie diese Wunden heilen, auch das wissen wir. Andrea fällt der Abschied sichtlich schwer.

Schlüsselabgabe. Dann setzen wir uns abgekämpft und müde ans Steuer unserer Fahrzeuge und starten in Richtung unseres neuen Wohnortes München, den wir berufsbedingt vor ziemlich genau zehn Jahren verlassen hatten. Der normale Feierabendverkehr behindert zunächst den gewünschten Vortrieb. Dann läuft alles weitgehend ungestört. Nur eben etwas zu müde. Per Hand- und Lichtzeichen verständigen wir uns auf der Autobahn bei Ulm auf eine Reiseunterbrechung an der nächsten Rastanlage.

Nudeln von der Nudeltheke, ein paar Flaschen Mineralwasser und zwei Töpfchen Schokopudding gleichen die eingetretene Dehydrierung und Unterzuckerung so weit aus, dass einer Weiterfahrt nichts mehr entgegensteht. Unsere Konversation beschränkt sich auf einen kurzen Rückblick auf unsere Verabschiedung in Stuttgart und die Kommentierung des gastronomischen Rastanlagen-Erlebnisses. Das Ziel für heute ist klar: eine Bettstatt. Die gibt es in meinem Wohnwagen.

Um 21.30 fahren wir durch das große Einfahrtstor auf den Campingplatz von Thalkirchen. Eingecheckt hatte ich bereits mit dem Antransport meines Wohnanhängers in der vergangenen Woche. Die Plätze entlang des Floßkanals der Isar sind mit Wohnanhängern und Wohnmobilen gut gefüllt. Meine Villa am Fluss steht prächtig und erwartungsvoll eingeparkt in einer noch etwas lockerer besiedelten Gegend der Uferallee. Ausreichend Platz, um unsere beiden Autos zu parken.

Andrea steigt mit erschrockenem Blick aus: »Das ist ja fürchterlich – da willst du zwei Monate bleiben?« Eine gewisse Sorge um mich und mein Durchhaltevermögen lässt sich in Mimik und Tonfall durchaus erkennen.

Ich muss zugeben, dass die Uferstraße keinen idyllischen Eindruck machen kann. Hier stehen eng aneinandergedrängt Wohnmobile und Zugfahrzeuge mit den zugehörigen Wohnanhängern. Dazwischen ist nicht einmal Platz für noch so kleine Campingtische. Einige Urlaubscamper sitzen daher bei der Einnahme ihres Abendessens oder ihres Sundowners im Randbereich der Straße.

An meinem Stellplatz wird es so nicht sein. Und ich bin positiv gestimmt. Alles ist okay. Schließlich habe ich mich entgegen dem Rat von Andrea und vielen anderen für die Campingvariante entschieden. Also darf ich nicht nur überhaupt nicht klagen, sondern werde auch jeden aufkommenden kritischen Gedanken sofort im Keim ersticken. Tatsächlich fühle ich auch kein Bedürfnis zum Klagen. Meine Entscheidung macht mir Spaß. Jetzt erfülle ich mir meinen Wunsch. Ich werde alles, was da auf mich zukommen wird, das Gute und auch das weniger Gute, mit Humor nehmen. »Klar bleibe ich hier. Warum auch nicht? Und ich hoffe, dass du mich in Zukunft trotzdem besuchen wirst.«

Wir beziehen meinen Wohnanhänger. Andrea bezieht das überraschend große Bett, und ich besorge noch schnell zwei Automaten-Löwenbräu hell für je zweifünfzig. Bier beruhigt die geschundenen Nerven. Todmüde fallen wir in mein neues Villen-King-Size-Bett. Gute Nacht, all ihr neuen Nachbarn und Camper Thalkirchens.

Vom Glück verlassen

Mittwoch, 17. Juni – Heut hätt mi beinah s'Glück verlassn! Oder mit Managers Worten: The best case was the real case; wäre der real case der worst case gewesen, wäre das höchst unangenehm geworden. Alles hat so angefangen:

Andrea und ich schliefen wirklich gut in dieser ersten Nacht im Camper. Die Voraussetzungen dafür waren bestens: richtig müde, frische Isarauen-Luft und friedliche Ruhe. Zumindest bis wir von einem lautstarken Vogelchor, der sich in den Bäumen rund um den Camper platziert hatte, geweckt wurden. Wie ich später feststellen musste, hat dieser Chor nicht nur perfekt musiziert, sondern verfügte auch über eine perfekt funktionierende Verdauung. Unsere unter den Bäumen geparkten Autos waren intensiv eingedüngt. Sehr unschön, liebe Sänger!

Ich starte trotzdem gut gelaunt zu meinem ersten morgendlichen Thalkirchner Waschgang. Im Camping-Waschhaus angekommen, entscheide ich mich für den zweiten Waschtrog von rechts in einer Reihe von ungefähr zwanzig Trögen. Außer mir befinden sich hier noch einige Hundert Spinnen, die sich bereits munter auf- und abseilen, sowie ein bayerischer früh aufgestandener Ruheständler, dessen Waschbeutel soeben auf den Waschhausboden fällt. Dosen, Tuben und Bürsten kullern über den nassen, nicht ganz sauberen Boden. Dem Bayern entfahren einige hässliche Flüche, und weil ich seinen Ärger gut nachempfinden kann und auch so gerne fluche, zeige ich mich solidarisch und stimme munter mit ein.

Ist ja auch wirklich Oberaffenscheiße.

Er, der bayerische Ruheständler, fühlt sich sofort verstanden und kommentiert wie folgt: »Wir waren an der Ostsee, im Osten. Wennst du dort auf die Toaletten gehst, Seifenspender. Alles automatisch. Warmwasser sowieso. 14 Euro die Nacht. Und wie schauts hier aus, in München? Zefix!«

Ja, hier in Thalkirchen geht man nach Inaugenscheinnahme der Sanitäranlagen vielleicht automatisch wieder raus, sonst geht hier nichts automatisch. Doch, der Bierautomat, aber der steht natürlich nicht in den Sanitäranlagen (das Bier muss ja erst einmal getrunken werden). Und Seife muss man sich hier selber spenden oder eben darauf verzichten. Verzichten geht auch, aber nicht, wenn du morgens ins Büro willst. Immerhin, Toilettenpapier ist auf großen Rollen vorrätig, Du musst dir die Rolle also nicht unter den Arm klemmen; somit kann sie auch nicht auf den Boden fallen und sich quer durch die anderen Kabinen rollend von dir und deinem Ort des Bedarfes entfernen. Ein Riesenvorteil.

Aber wir befinden uns momentan in der Waschabteilung, und hier gibt es weder Warmwasser noch Seifenspender. Nachdem wir uns kurz über die Vor- und Nachteile des Thalkirchner Campingplatzes ausgetauscht haben, kommt ein kurzer Herkunfts-Check-up. Er, gebürtiger Münchner, wie auch seine Frau, wohnen seit Jahren in Niederbayern und besuchen gerade ihre Heimatstadt, die sich natürlich total verändert hat, und dies, wie er meint, nicht zu ihrem Vorteil. Ich nutze eine Pause in seinem Redefluss und wünsche ihm einen schönen Tag. Servus und trotzdem viel Spaß bei der Wiederentdeckung von München.

Andrea hat inzwischen Frühstück gemacht und findet meine neue Behausung nun doch ganz gemütlich. Die Nacht war trocken und warm. Wir sind tatsächlich ausgeschlafen, wider Erwarten hat uns niemand gestört, keine nächtlichen Ein- und Ausfahrgeräusche, keine Schnarcher in Hörweite, die Sonne scheint durch die Dachfenster, die Vöglein zwitschern immer noch. Das Wohnwagen-Ambiente lässt Urlaubsstimmung aufkommen.

Bei meinem morgendlichen Gang zum Waschsalon, habe ich mich in der Nachbarschaft ein wenig umgesehen und in der nächsten Parallelstraße, schräg hinter dem jetzigen Standplatz, einen wesentlich geräumigeren Platz neben einer Buschreihe entdeckt. Besonderer Vorteil: Nachbarschaft ist hier nur auf einer Seite möglich. Zusätzlich warnt ein Schild: »For long campers only.« Na ja, ich will ja wirklich lange bleiben. Sicherheitshalber hole ich mir beim Platzwart eine Erlaubnis.

Einer Umsiedlung steht nichts mehr im Wege, und die muss sofort geschehen, denn nur Andreas Auto hat die benötigte Anhängerkupplung. Ich kurble die Stützfüße hoch, Andrea rollt das Elektrokabel ein. Einige Nachbarn deuten unsere

Aktivitäten als Aufbruchssignal und bieten sich sofort als Schiebehife an. Gemeinsam bugsieren wir den Hänger vom Standplatz auf die Flussallee.

Ich fahre Andreas Auto mit der Anhängerkupplung rückwärts zur Anhängerdeichsel, was dank der eingebauten Rückwärtsfahrkamera zentimetergenau klappt und was keiner der staunenden Helfer erkennt. Deichsel auf die Anhängerkupplung, Stützrad hoch, Schlingerkupplung zu, Kabel angeschlossen. Alles sieht perfekt aus.

Andrea schlendert schon mal zum neu ausgewählten Standplatz. Ich setze das Gespann in Bewegung: fünf Meter Auto, einskommafünf Meter Deichsel, fünf Meter Wohnanhänger, ein langes Fuhrwerk. Ganz langsam fahre ich los. Nach ungefähr vierzig Metern muss ich scharf nach links in das Parallelsträßchen abbiegen. Ich blicke nach hinten. Wegen des langen Überstandes habe ich Sorge, einen der parkenden Wohnanhänger zu streifen.

Plötzlich ein kräftiger Ruck und ein peitschender Schnalzer. Jetzt geht alles rasend schnell. Adrenalin-Vollausschüttung. Mein Wohnanhänger hat sich von der Anhängerkupplung gelöst. Ich stoße die Autotüre auf, springe raus, rutsche trotz guter Laufsohlen aus, lande auf Knien und Händen. Der Hänger rollt rückwärts. Keine Zeit für Schmerz. Alle rennen. Andrea, die Nachbarn und ich. Wenige Zentimeter vor dem schon unausweichlich scheinenden Aufprall auf einen fremden Wohnanhänger können wir meinen Wohnanhänger stoppen, zentimetergenau eingeparkt zwischen der Deichsel des anvisierten Hängers und dem vorderen Kotflügel des zugehörigen Zugfahrzeuges. Allen Zuschauern steht der Schrecken deutlich ins Gesicht geschrieben.

Instinktiv drehe ich mich zu Andreas Auto um. Noch eine Ladung Adrenalin in meinen Kreislauf (wohl aus dem Reservetank). Andreas Auto fährt ohne Fahrer das Sträßlein entlang, in Richtung eines noch etwa zehn Meter entfernt stehenden Wohnmobils. Was ist los, Handbremse vergessen? Ich spurte los, diesmal sturzfrei, reiße die Wagentüre auf, springe rein, Fuß auf die Bremse, Gang raus, Motor aus. Automatik fährt auch ohne Fahrer. An meinen Puls habe ich dabei nicht gedacht, der war sicher im Bereich der roten Markierung.

Jetzt habe ich mich erst einmal bei den betroffenen, glücklicherweise unbeschädigten und ungeschädigten Campern entschuldigt. Etwas zittrig gelingt schließlich mit erneuter Hilfe der Nachbarn die Umsiedlung. Herzlichen Dank, ihr wart supernett. Und ich hatte Superglück. Das Glück hat mich eben nicht verlassn.

Zur Beruhigung der Nerven lege ich den Hauptbetroffenen nach meiner abendlichen Rückkehr ein Flascherl Schnaps vor die Campertüre. Hoffentlich sind sie keine Abstinenzler.

Später baue ich mit tatkräftiger Unterstützung des Wohnwagenvermieters aus Stockdorf das Vorzelt auf. Als Vorzeltaufbauanfänger hättest du ohne Hilfe überhaupt keine Chance, zumal einige der Zeltstangen nicht passen und ausgetauscht werden müssen. Am Ende ist die Wohnfläche meiner Villa fast verdoppelt, im Anbau mit Rasenboden.

Das dauerhafte Waschvergnügen stelle ich durch Ankauf von Jetons für zwanzig mal vier Minuten Warmduschen sicher. Der Kühlschrank ist inzwischen gut gefüllt, auch mit Augustiner Edelstoff.

Meine Nachbarn aus der Zeltabteilung, ein junges Paar aus Neuseeland, also echte Kiwis, erweisen sich als ausgesprochen kontaktfreudig. Willkommene Gelegenheit, Englisch zu parlieren (das Kiwi-Deutsch beschränkt sich auf einen Wortschatz kleiner zwanzig). Dabei erfahre ich, dass sie sich auf einem Dreimonatstrip quer durch Europa befinden. Ich muss zugeben, da kommt Neid auf. Weniger neidvoll blicke ich allerdings auf ihre bescheidene Behausung. Drei Monate in einem Zwei-Mann-Mikrozelt, das wäre nichts für mich. Das befindet sich selbst jenseits meiner für mein Umfeld doch recht großen Toleranzschwelle, auch oder erst recht bei einem dreimonatigen Urlaub. Auf Nachfrage stellt sich heraus, dass die Kiwis eine wesentliche Instanz der Bayernmetropole, den Münchner Biergarten, noch nicht kennengelernt haben. Sehr schnell überzeuge ich sie davon, dass zu einem Münchenbesuch auch ein Biergartenbesuch gehört. Morgen Abend wollen wir zwecks Trinkvergnügen zum Flaucher an der Isar.

Mit dieser angenehmen Aussicht gehe ich zum Duschvergnügen, bevor das Licht im Waschsalon erlischt und ich zur Sicherstellung des Wascherfolges eine Kerze entzünden müsste.

Vorzelt verlassen

Donnerstag, 18. Juni – Wie erwartet schlecht geschlafen, wie immer, wenn ich wirklich früh aufstehen muss. Außerdem ist es heute Nacht auch ziemlich frisch, also kühl geworden, geschätzte Außentemperatur 12,8 Grad. Meine Bettdecke war zu leicht, da musste eine zweite her. Andreas Decke hatte ich im Overhead-Department über dem Bett deponiert. So musste ich nur mal kurz nach oben greifen und schon war der Deckenbedarf gedeckt.

4:10: Wecksignal eins von meiner Funkuhr, ich gebe mir noch drei Minuten und schalte dann das zweite Weckgerät (Mobiltelefon) noch rechtzeitig vor dem zweiten Weckruf ab, da meldet sich direkt über mir die erste Amsel mit ihrem ersten Morgenpfiff, quasi Wecksignal Numero drei. Das war der Anpfiff für alle Amseln Thalkirchens. Wahrscheinlich wohnt auf den Ästen über mir der Tonangeber, so eine Art bayerische Muezzinamsel.

Nach anfänglichem Zögern, wo denn wohl der beste Platz für das nächtlich-morgendliche Waschritual sei, entscheide ich mich für den Gang durch das taunasse Gras zum größten Bad Thalkirchens, dem Waschhaus des Campingplatzes. Die bordeigene Sanitärkabine will ich lieber nicht benutzen, da ich keine Lust habe auf die selbst zu organisierende Abwasserentsorgung. In den benachbarten Zelten und Wohnmobilen kann ich noch keine Lebenszeichen erkennen. Alles schläft, keiner wacht, eine sehr friedliche Stimmung; wie friedlich doch alle sind, wenn sie schlafen.

Das frische Alpenwasser aus dem Tropfhahn (2. Waschbecken von rechts) bringt mich endgültig zurück in den Wachbereich. Rasur gespart; hatte ich vorsorglich bereits auf den gestrigen Abend vorgezogen.

Zurückgeschlichen in meine Villa mit Patio (Vorzelt), wähle ich das einfache und schnelle »Continental« ohne Kaffee. Sieht so aus und schmeckt auch so: kleine Flasche Mineralwasser medium, zwei Aprikosen, kleines links- oder rechtsrumdrehendes Joghurt, und zur Belohnung ein paar ungesunde süße Kekse, um den Zuckerspiegel schlagartig nach oben zu puschen.

Vorstand verlässt Vorzelt im nachtgrauen Tarnanzug um 4:50, jetzt in schwarzen, lederbesohlten Schuhen, durch das immer noch nasse Gras zum Parkplatz außerhalb des Campingplatzes.

Keiner sieht mich. Das Zufahrtstor wird erst um 7:00 geöffnet; wenn man vorher wegwill, muss das Auto am Vorabend auf den außen liegenden Parkplatz, oder man geht zu Fuß zu irgendeiner U-Bahn.

Dann eine zügige Fahrt mitten durch München, ganz vom Süden bis in den Norden, in tatsächlich nur 16 Minuten auf die Nürnberger Autobahn. Alles ohne Übertretung der Verkehrsregeln, denn mein bundesdeutscher Verkehrssünder-Hinterkopf projiziert den Stand des Flensburger Punktekontos kontinuierlich und hell auf meine Frontscheibe. Gestern hatte ich für die halbe Strecke eine ganze Stunde gebraucht. Was lernen wir daraus: Der frühe Vogel bekommt den Wurm und ich bekomme die Grüne Welle.

Touring

Am Flughafen das übliche Prozedere. Parkplatz in Parkhaus P 20, Platznummer auf Parkticket geschrieben, man wird vorsichtig, keine Lust auf abendliche Fahrzeugsuche. Aus dem Bekanntenkreis gibt es bereits erste Berichte über Autosuche per Taxi wegen entschwundener Erinnerung. Auch die Freunde werden älter und das Hirn angeblich nicht größer. So wird man eben vergesslicher oder ist beim Parken mit den Gedanken schon beim bevorstehenden Business-Meeting.

Check-in am Automaten. Sicherheitscheck, Laptop raus, Gürtel runter, Uhr hingelegt, Jackett aus, Durchleuchtung, keine Leibesvisitation, alles wieder anziehen. Eigentlich stinkt mir dieses Prozedere jedes Mal, aber ich halte mich im Zaum und halte die Klappe. Was können diese Sicherheitskontroll-Dienstleister schon für die internationalen Vorschriften, die sie hier zu erfüllen haben. Außerdem sind sie vermutlich noch früher aufgestanden als ich.

Ich entferne mich wortlos, oder habe ich vielleicht sogar Danke gesagt? Toilettensuche. Weit entfernt und ziemlich abgelegen finde ich die notwendige Abteilung. Ich hoffe, dem unangenehm öffentlichen Campingplatz-Toiletten-Ambiente entkommen zu sein. Leider nein. Hockt sich so ein Arsch mit seinem Hintern direkt in die Kabine neben mich, obwohl sonst alles frei ist.

Wartebereich. Lufthansa-Kaffee aus dem Automaten, *Süddeutsche* und *Financial Times* (deutschsprachig) vom Zeitungsspenderständer. E-Mail-Check. Boarding am Automaten, Flug OS 7232, Austrian geflogen by Lufthansa. Alles kommunikationsfrei, bis zum Einstieg in den Airbus A320-200: Ups, da war doch was. Ist da nicht vor ein paar Tagen so ein Airbus auf dem Flug von Brasilien nach Europa während eines Gewitters einfach vom Himmel verschwunden?

Na ja, heute keine Atlantiküberquerung, kein Gewitter zu erwarten, auf jeden Fall könnte man mich wiederfinden.

Und da stehen sie, die beiden adretten, jugendlich lächelnden Lufthansamädels: Guten Morgen! Guten Morgen, Mädels! Platzsuche 10 C am Gang. Der Fensterplatzsitzer schläft, oder er tut zumindest so, auf jeden Fall will er nicht grüßen. Mein frisches »Guten Morgen« bleibt unerwidert.

7:05: Die Maschine legt los, superpünktlich. Wir rollen, taxi to position.

Die Sicherheitseinweisung habe ich verpasst, glücklicherweise wusste ich mich auch ohne Einweisung anzuschnallen. »Wir starten gleich«, das war einer aus dem Cockpit. Tatsächlich. Jetzt kommt der Einschlaf-Teil: Leichte Rückenlage im Steigflug, ein bisschen Babybettschütteln. Das klappt fast immer. »Meine Damen und Herren, da unerwartete

Turbulenzen auftreten können, sind sie verpflichtet, angeschnallt zu bleiben. Das ist ein Hinweis zu ihrer eigenen Sicherheit!«

Das war Ruhestörung, wohl von einem der Lufthansamädels.

Rechts hinter mir quasselt einer der Frühflieger unentwegt mit seinem Arbeitskollegen über irgendwelchen Scheiß. Was gestern Abend im Fernsehen lief, warum sein Chef seine letzte Spesenabrechnung nicht unterschreiben wollte, wie unfähig sein neuer Kollege sei, wie viele Strafzettel wegen Falschparkens er nicht bezahlt hätte, wie froh seine Frau gewesen sei, dass er heute morgen wieder zu einer mehrtägigen Dienstreise aufgebrochen sei. Und so weiter, ödes Alltagsgelaber in ekliger Lautstärke. Ich kann mein rechtes Ohr nicht abschalten.

Ruhestörung zwei. Gong ertönt, Ruhestörung drei, Anschnallzeichen erlischt, ich bleibe jedoch zu meiner eigenen Sicherheit angeschnallt. Lächelnde Lufthansalady verteilt Lufthansafrühstück: Herzwaffel, 30 Gramm mit einem Stück Butter; das liegt aber nicht oben drauf, könnte also mitgebacken sein, vom Kuchenmeister. Die sicherlich grausigen Inhaltsstoffe sind so klein geschrieben, dass ich sie ohne Brille ohnehin nicht lesen kann.

Nächste Lady: Und für den Herrn? Jetzt war ich gemeint. Kaffee bitte. Milch und Zucker? Nein, danke schön. Der Fensterplatzsitzer ist aufgewacht, deutet wortlos auf den Klapptisch des unbelegten Mittelplatzes. Ich meine zu verstehen, nehme mein Jackett vom Haken der Tischverriegelung und mache so den Ausklappvorgang möglich. Nachbar stellt sein Wasser ab und dreht sich wieder zum geschlossenen Fenster. Pappbecherkaffee für mich. Hungerstreik an Bord. Nein, diese Waffel esse ich nicht. In mich lasse ich nur feinste und reinste Rohmaterialien kontrollierter Herkunft und Machart.

»Einen schönen guten Morgen. Ich bin Ihr Copilot auf Ihrem Flug nach Wien. Verbleibende Flugzeit noch 30 Minuten. Das Wetter in Wien ist schön, es erwartet Sie ein warmer, trockener Tag. Ich hoffe, Sie fühlen sich wohl an Bord und genießen diesen Flug mit uns. For landing put your seats in an upright position and fold away your table.« Mehr habe ich diesmal nicht mitbekommen.

Hinter mir werden jetzt weitere Statements über den Gang hinweg ausgetauscht. Warum eine allgemeine Geschwindigkeitsbeschränkung totaler Schwachsinn sei, dass die Einkommen der Fußballer viel zu hoch und Politiker generell unfähig seien und weiteres total überflüssiges Geschwätz. I am not amused, very not amused, sehe aber keine zielführende Möglichkeit, den Redefluss zu stoppen.

7:50: »Herzlich willkommen in Wien. Bitte bleiben sie so lange angeschnallt sitzen, bis wir unsere endgültige Parkposition erreicht haben und die Anschnallzeichen erloschen sind. Wir verabschieden uns jetzt von Ihnen und wünschen einen angenehmen Aufenthalt in Wien.«

Von hinten rechts erreicht mich ein Satzfetzen, gefolgt von lautem Gelächter: » … es stört mich, wenn es plötzlich von rechts kommt.« Was ihn stört, weiß ich nicht. Mich jedenfalls stört dieses blöde Gelaber, das seit einer Stunde von hinten rechts kommt und meine morgendliche Ruhe nicht zulässt.

Die Maschine rollt angeblich zu einer Außenposition (das heißt, wir brauchen noch ein weiteres Transportmittel, den Transferbus). Stillstand. Alle Passagiere auf. Gong. Jackett in meinem Gesicht. Das war der Gangnachbar. Wozu sich entschuldigen. »Cabin attendants: All doors in park.« Na endlich. Doch keine Außenposition. Das Flugzeug entleert sich, quetscht die Passagiere wieder vorne raus.

»Machen Sie's gut«, das war das blonde Lufthansa-Lächeln. Dann schiebe ich mich den Passagier-Absaug-Kanal Richtung Flughafengebäude hoch. Ich spüre meine beim gestrigen Morgen-Stunt angeschlagenen Knie (Mehrzahl).

Im Grossglockner der Bank

»Nehmens den Großen da vorn.«

Citroën, Familienvan. Die Tür öffnet sich automatisch.

»Zum *Graben* bitte. Der Taxifahrer ist heute Morgen nicht konversationssüchtig und ich auch nicht, so beschränkt sich unser Wortwechsel auf das absolut Notwendige. Der *Graben* ist Fußgängerzone, auch für Taxifahrer tabu; so nah wie möglich werde ich nach Zahlung des auf dem Display angezeigten Betrages (plus Obolus) ausgesetzt.

Wenige Schritte führen mich zu meinem Zielgebäude, dem Headquarter einer der großen österreichischen Banken. Der Portier in Livree öffnet mir die Tür. »Guten Morgen, gnädiger Herr.«

Ich grüße zurück und wende mich der bereits freundlich in meine Richtung blickenden Rezeptionistin zu.

»Ah, Herr Eschenbach, Sie werden bereits erwartet. Bitte nehmen Sie doch einen kurzen Moment Platz. Ich werde Sie bei Herrn Direktor International Project Financing sofort anmelden.«

Ich lasse mich auf einem der Designer-Ledersofas nieder und betrachte die überdimensionalen an der Wand befestigten Gemälde eines Mitte des letzten Jahrhunderts in

Finanznöte geratenen österreichischen Künstlers. Inhalt und Sinn sind mir ohne schriftlich niedergelegte Interpretation eines anerkannten Kulturkritikers nicht zugänglich. Viel Zeit bleibt mir denn auch für meine eigenen Interpretationsversuche nicht.

»Herr Eschenbach, ich darf Sie bitten, den Aufzug in den sechsten Stock zu nehmen. Die Assistentin des Herrn Direktor wird Sie dort in Empfang nehmen.«

Ich betrete den schon bereitgestellten, mit Marmor und hochglanzpoliertem Messing ausgestatteten Aufzug. Die Tür schließt sich lautlos. Aus den Bordlautsprechern tönt leise ein Walzer von Johann Strauss Sohn, gespielt von den Wiener Philharmonikern. Im aufzugobligatorischen Wandspiegel checke ich den Sitz meiner Krawatte und blicke dann hinab zu meinen Schuhen. Tatsächlich hat dort so ein grüner Grashalm aus meinem Thalkirchner Vorgarten festgemacht, den ich noch schnell entferne und auf dem Aufzugmarmorboden hinterlasse. Sechster Stock, die Türe öffnet sich.

»Guten Morgen, Herr Eschenbach. Hatten Sie einen guten Flug? Darf ich Sie in unser Besprechungszimmer ,Großglockner' führen. Ich werde Herrn Direktor sofort Bescheid sagen.«

»Herzlichen Dank, sehr freundlich. Ich mach's mir schon mal bequem. Statt *im* Großglockner hätten wir uns ja auch *auf dem* Großglockner treffen können.«

Die Assistentin blickt mich etwas verständnislos an. Wahrscheinlich war sie noch nicht auf dem Großglockner.

Der Edelholzbesprechungstisch ist gut eingedeckt mit homöopathischen Mengen von Mineralwässerchen und Fruchtsäftchen österreichischer Provenienz. Vorinstallierte Kaffeetassen und Teller mit schokoladeüberzogenen Keksen warten auf ihren morgendlichen Einsatz. Dann betritt der Direktor mit seinem Senior Vice President den Raum. Guten

Morgen. Vorstellungsrunde. Visitenkartentausch. Freundlicher Small Talk. Einstieg in die Business-Runde. Laptop. Beamer. Powerpoint-Präsentation. Ich erläutere das Flughafen-Projekt und den Finanzierungsbedarf. Wir diskutieren die vorliegende Feasability Study, die geplante Rentabilität, die Risikoeinschätzung sowie verschiedene Szenarien zum Return on Investment.

Das Projekt scheint bei den Bankern auf Interesse zu stoßen. Man sagt mir eine zügige Prüfung zu. Ein detaillierter Fragenkatalog würde mir in der nächsten Woche zugesandt, vorzugsweise per E-Mail.

Ich schlage als nächsten Besprechungsort die Adlersruhe am Großglockner vor, leider ist dieser Vorschlag jedoch nicht konsensfähig. So bleibt es dann doch bei Wien.

Wir verabschieden uns freundlich und bestätigen uns nochmals unser Interesse an einer künftigen Zusammenarbeit. Der Marmoraufzug bringt mich wieder hinab auf Straßenniveau. Der Taxistand befindet sich nur wenige Minuten entfernt.

Durchstartmanöver

Zurück zum Flughafen Wien. »Woart auf a Flugzeig, ober es kummt net.« (Auf Deutsch: Ich warte auf das Flugzeug, aber es ist noch nicht gelandet).

Alternatives Beschäftigungsprogramm: Frequent Flyer Lounge. Der vom gemeinen Flugvolk getrennte Warteraum für die Förderer der Globalisierung, für die Meilensammler, Schreibtischflüchtlinge, Jetter, Zeittotschläger. Für die Wartenden kostenfreie, auszeichnungsunwürdige Verpflegungsmöglichkeit. Ich beschränke mich auf Schinkenfleckerl von der Pute (eine grandiose Wortzusammenstellung) und ein Nullkommajosef (für Nichtösterreicher unverständlich; gemeint ist alkoholfreies Bier).

Zu pünktlich gehe ich zum Gate. Das bringt mir weitere ungeliebte Wartezeit. Doch dann endlich: Das Bodenpersonal signalisiert das Ende der Warterei. Ich steige in den Transferbus und gehe nach vorne durch. Draußen ist es sommerlich heiß, die Klimaanlage ist aus, wahrscheinlich funktionsgestört, wegen der Hitze, die Passagiere transpirieren, die seitliche Zugangstüre ist offen.

Wir warten. Da plötzlich infernalischer Gestank. Höchst ekelerregend. Wer war das? In diesem Fall hilft das Wissen nicht weiter. Ich trete zur offenen Türe vor und versorge meine Lunge mit atembarer Wiener Sommerluft. Der nervöse Herr mit dem Mobiltelefon am unschuldigen Ohr? Oder der weißhemdige Brillenträger mit sozialkassenschädigendem Übergewicht? Hat so einen unbeteiligten Blick. Oder wer?

Nach ausreichend Lüftungszeit schließen sich die Türen automatisch. Wir fahren ab. Auch dieser Busfahrer legt es darauf an, seine Passagiere durch zügige Kurvenfahrt und scharfes Bremsen zu Fall zu bringen. Dies scheint ein internationales Zubringer-Busfahrer-Spiel zu sein. Die Rache derer, die nicht fliegen dürfen. Doch heute bleiben alle Passagiere standhaft.

»Grüß Gott und Servus auf unserem Austrian Airline Flight von Wien nach München. Die Flugzeit wird 35 Minuten betragen.«

Ja, ist auch recht. Fokker 70 rollt zur Startbahn, Vollgas, kurzer Anlauf, und schon heben wir ab. Fahrwerk ein. Wien von oben, zur Rechten. Das Flugzeug schüttelt uns durch ein paar Wolken. Das könnte zum kurzen Einnicken animieren.

Noch ein Blick auf das Flugzeug-Interieur. Die Bestuhlung türkisgrün, die Kopfteile rot und gelb behängt, der Vorhang zwischen Business und Economy hellblau, der Bodenteppich grasgrün mit gelben Streifen, die Anschnallgurte rot, die Stewardessen knallrot angezogen. Ganz schön bunt hier.

Schlaf stellt sich wider Erwarten nicht ein, ich werde dafür mit ein paar schönen Blicken auf die nördlichen Alpen belohnt. Weiter geht es über Salzburg in den Landeanflug nach München. Kurz vor dem Aufsetzen wird der Landevorgang jedoch jäh unterbrochen. Statt zu landen, steigen wir mit rasanter Beschleunigung wieder in den Münchner Himmel auf.

»Sehr geehrte Damen und Herren, hier spricht der Kapitän. Dies war ein sogenanntes Durchstartmanöver. Grund hierfür war zu starker Rückenwind, den wir so nicht akzeptieren konnten. Wir werden es in wenigen Minuten aus der anderen Richtung noch mal probieren.«

Na toll, dann probiert mal. Ich habe als bescheidener Amateurflieger auch schon mal gelernt, dass man mit Rückenwind nicht landen soll.

Etwas später sind wir dann doch alle auf Münchner Boden, und ich habe mich mal mit, mal ohne Rückenwind durch die Rush Hour nach Thalkirchen durchgeschlagen.

Die Kiwis warten

Irgend so ein ignoranter städtischer Campingplatz-Pfleger hat einige meiner Vorzeltabspannungen mit dem Rasentrimmer abgesäbelt. Nach den notwendigen Reparaturmaßnahmen machen wir, die Kiwis und ich, uns durstig auf den Weg zum Flaucher. Rowan, ein gemütlicher Typ, groß und gut genährt, so Mitte dreißig, arbeitet (wenn er nicht gerade mit seiner Freundin in der Welt herumreist) als Elektriker auf einer Goldmine im australischen Outback, 500 Kilometer landeinwärts von Perth. Seine Freundin Kerry, freundlich und kommunikativ, bedient die Kunden einer dort ansässigen Bank. Der Flaucher ist weiter weg als gedacht, glücklicherweise nicht im Outback. Statt der erwarteten Viertelstunde sind wir fast eine ganze Stunde unterwegs. Durst und Hunger steigen massiv an.

Als wir endlich angekommen sind, geht es sofort zur Sache: Zwei Maß Bier, eine Maß Rädla (musste ich erst mal erklären, was das heißt: Rädla war die neuseeländische Aussprache für Radler, auf Englisch ist das Radler also ein Biker), Schweinshaxn mit Kartoffelknödel und Krautsalat, große Pommes, Leberkäs mit Krautsalat. Das wars fürs Erste. Zum Durstlöschen dann noch mal zwei Maß und ein Rädla und noch so eine große Brezn.

Fröhlich unterhalten wir uns über Australien, Neuseeland, Deutschland und die Welt. Manchmal habe ich wegen des mir nicht so geläufigen neuseeländischen Akzents Verständnisschwierigkeiten, aber wir können alles klären.

Rowan und Kerry, die beide im australischen Exil arbeiten, beweisen profunde Kenntnisse von Europa. »Unsere diesjährige Reise ist nicht die erste und wird vermutlich auch nicht die letzte sein«, antwortet Rowan auf mein erstauntes Nachfragen. Diesmal wareb sie in Frankreich gestartet (daher auch ihr Mietwagen mit französischem Kennzeichen) in Richtung Osten. Nach Deutschland stehen diesmal noch Polen, Tschechien, Ungarn, Kroatien und Italien auf dem Reiseplan. Dort wollen sie dann irgendwelche Verwandte treffen und weiter nach Afrika reisen. Angeregt tauschen wir unsere Reiseerlebnisse aus und stellen fest, dass noch unermessliche Möglichkeiten auf uns warten.

Mit gut gefüllten Bäuchen wandern wir dann über die Flaucherbrücke und weiter auf noch stark frequentierten Wegen entlang der schönen Isar durch den warmen Sommerabend in Richtung unserer Schlafstätten in Thalkirchen. Links und rechts im Isargebüsch Tausende von Glühwürmchen. Die sind in Down Under wohl nicht vertreten, wie meine Begleiter bestätigen. Dafür gibt es dort, auf der anderen Seite unserer Weltkugel, reichlich Tierchen, denen wir hier lieber nicht begegnen wollen. Entweder du bist dort gleich auf deren Speiseplan, oder ein giftiger Angriff beendet schlagartig dein fröhliches Leben. Wie schön ist es doch an der Isar. Trotzdem, auch hier zieht Gefahr auf, es riecht nach Gewitter.

Good Night, sleep well and dry, verabschieden wir uns auf dem Campingplatz. Das Thema »dry« habe ich in meiner dichten Kabine sicher besser im Griff.

Nun bin ich am Ende dieses ereignisreichen Tages:
Zeit: 23:07

Von: Joerg Eschenbach
Gesendet: *Donnerstag, 18. Juni 23:00*
An: Rivercamper-Fans
Betreff: Bier am Fluss

Hallo, liebe Obdachhabende
ich habe mir gerade mit meinen Nachbarn aus Neuseeland zwei Maß Bier reingetan (im Flaucher), für besseren Schlaf. Die Nachbarn sind auf Weltreise: 6 Wochen Europa dann 6 Wochen Afrika. Ja richtig gelesen. Hab ich was falsch

gemacht? Es grüßt Euch von der Wiese der Vagabunden

Euer Jörg

Von: Joerg Eschenbach
Gesendet: Freitag, 19. Juni 2009 20:39
An: Rivercamper-Fans
Betreff: Oben bleiben ist alles

Hallo, liebe Campingfreunde,
jahrelange Biergartenabstinenz kann Folgen haben. Oder lag es einfach nur am bayerischen Bier. Und Löwenbräu ist eben kein Augustiner. Oder war es das ungewohnte Quantum, zwei Maß (für Nichtbayerische: Die Maß hat das Maß von einem Liter) im Flaucher und noch eine Halbe im Rivercamp. Auf jeden Fall bin ich aufgewacht in der morgendlichen Dämmerung mit Schädelweh (auf Deutsch: Kopfweh). Die Ursache für die Schlafunterbrechung ist retrograd betrachtet unklar, denn zum gleichen Zeitpunkt setzte ein gewaltiges Prasseln auf die Dächer meiner Wohnanlage ein, und dann war da noch eine Meldung, die ich auf die völlige Durchhydrierung meines Körpers zurückführe. Der hauseigenen Sanitäranlage wollte ich das nicht zuführen, schließlich muss man das ganze Abwasser selber wegtragen. Die Situation war also bestimmt durch Kopfweh, heftigen Regenschauer und den Zwang einer Entleerung außer Haus – ein unlösbarer Konflikt. Ich entschied mich fürs Liegenbleiben, schlafen war wegen des Regenlärms jedoch nur eingeschränkt möglich. Schließlich die Aufstehanweisung des Weckers, 6:30.

Bekleidet mit Trainingshose, Badeschlappen und Schlafanzugoberteil, ausgestattet mit Waschbeutel, Handtuch und

Regenschirm, den ich natürlich erst einmal aus dem Kofferraum meines Wagens holen musste, steige ich durch die Regenpfützen vor meinem Hauseingang Richtung Badeanlage.

Welch ein Glücksgefühl. Und jetzt die Morgendusche. Zuerst die Wasserhähne zudrehen, dann den Jeton fürs Warmduschen einwerfen. Auch ich habe dazugelernt; beim ersten Duschversuch war der Warmwasserhahn noch offen. Nach Einwerfen des Jetons traf mich dann der heiße Wasserstrahl sofort. Der Rückwärtssprung wäre ein echtes Webcam-Highlight geworden.

Heute geht also alles gut. Vier Minuten Warmduschen sind völlig ausreichend, totale Sauberkeit ist dann eingetreten. Die eigentliche Herausforderung kommt nach dem Trocknungsvorgang, Einstieg in die Baumwolltrainingshose mit nassen Füssen, einbeinig stehend in nasser Badeschlappe auf nassem Boden, ohne die Hosenbeine mit dem Boden in Berührung kommen zu lassen und ohne mit dem nackten, sauberen Oberkörper an die Duschtrennwände anzustoßen. Ehrlich, ich hab es nicht geschafft. Lange hat es nicht gedauert, bis ich zur Aufrechterhaltung meines Körpers das angezogene rechte Bein blitzschnell auf den nassen Boden stellen musste. Natürlich stieß meine rechte Schulter dabei gegen die seit langer Zeit nicht mehr gereinigte Kabinenwand. Ich bin geneigt, dieses Missgeschick als Folge des Löwengebräus abzuhaken.

Allen Lachern empfehle ich statt langweiliger Morgengymnastik folgende Übung: Sucht euch einen möglichst kleinen Raum oder Wandschrank, platziert ein paar niedliche Insekten unterschiedlicher Größe auf Boden, Wänden und Decke, wässert den Boden mit Seifenwasser und vollzieht oben beschriebene Übung. Dann, ja dann werdet Ihr nicht mehr lachen über mich.

So begann der heutige Tag. Es war ein eindrucksvoller Anfang. Geregnet hat es dann noch ein paar Stunden.

Ich wünsche Euch allen ein schönes Wochenende, ich werde in die Zivilisation zurückkehren. Andrea wartet hoffentlich schon in unserer festen Behausung in den Bergen. Feines Essen garantiert. Dann bis nächste Woche.

Es grüßt Euer reger Camper Jörg

Von: Joerg Eschenbach
Gesendet: 22. Juni 2009 23:41
An: Rivercamper-Fans
Betreff: Gefrierschrank

Guten Abend/Guten Morgen, liebe Campingfreunde,
Euer Rivercamper ist wieder zurückgekehrt. Zuerst einmal herzlichen Dank für Eure Antworten und Anregungen, die ich natürlich gerne gelesen habe. Einige Ratschläge werde ich wahrscheinlich noch in die Tat umsetzen. Gummistiefel sollte ich mir auf jeden Fall zulegen. Meine Vorräte sollte ich nach dem Gesichtspunkt der Feuchtigkeitsresistenz zusammenstellen. Aber ins Hotel gehe ich nicht. Und Webcam wird es definitiv keine geben.

Wie gut, dass Andrea und ich unser Raftingboot »Schluchtenhund« noch nicht verkauft haben. Zur Sicherheit werde ich das einsatzbereite Schiff auf dem Dach meines Campers festmachen. Über die Dachluke könnte ich dann bei weiter ansteigendem Hochwasser sicher einsteigen und könnte sogar flussabwärts zum Flaucher flüchten.

Früher haben wir mit unserem »Schluchtenhund« zahlreiche Gebirgsflüsse in den Alpen und in den Rockies befahren. Diese Wildwasserperiode unserer Ehe haben wir zwar vor einigen Jahren eingestellt, aber die Ausrüstung inklusive Neoprenanzüge, Neoprenschuhe, Helme, Schwimmwesten, Wurfsäcke und sonstigen Rettungseinrichtungen ist noch komplett vorhanden. Jetzt könnte das Boot meiner Rettung dienen. Oben bleiben ist alles.

Der Empfang im Camp war heute durchaus angemessen. Im bis dahin trockenen Vorzelt erwartete mich so eine Art Frischwasser-Privatpool. Das Wasser kam nicht von oben, sondern von unten, ums Zelt herum. Ein heftiges Gewitter am Himmel von Thalkirchen hatte sich wohl schwerpunktmäßig auf meine Wohnanlage konzentriert. Da es immer noch weiterregnet, was sich momentan ganz gemütlich anhört, kann ich dann morgen früh vom Haupteingang direkt in den Pool springen.

Wenig angemessen dagegen war bei meiner Ankunft die Temperatur hier in meiner Behausung. Während ich letzte Woche am Abend noch wohlige 40 Grad (Celsius) messen konnte, ist die Raumtemperatur heute auf 10 Grad abgesunken. Aber nach einigem Herumsuchen nach den richtigen Schaltern und Drehverschlüssen und nach einigen angemessenen Flüchen ist die Heizung in Betrieb gegangen. Jetzt ist es hier richtig gemütlich. Leider war das Bier fast gefroren. Der Kühlschrank, der in der vergangenen Woche noch Mühe hatte, den Inhalt einigermaßen zu kühlen, wurde übers Wochenende zum Gefrierschrank. Gute Nacht, liebe Campingfreunde

---

Von: Joerg Eschenbach
Gesendet: Dienstag, 23. Juni 2009 01:20
An: Wein-Musketier Guido
Betreff: Hart gefroren

Lieber Guido,
(Wein- und Kulturanbieter in Stuttgart)
Du Musketier des internationalen Weingenusses in Schwaben, es tut mir aufrichtig leid, dass ich Deinen guten Wein, den ich erst vor wenigen Tagen bei Dir erstanden habe, so quälen musste. Zuerst hat der schöne rote Taneto aus der Toscana fast gekocht, weshalb ich ihn vor weiterer Hitze im Kühlschrank schützen wollte. Nun ist auch er nach drastischem Temperatursturz am Gefrierpunkt. Ich habe mich trotz heftigen Verlangens nicht getraut, ihn zu öffnen.

Die alkoholfreien Tomaten sind ebenso hart gefroren wie alle weiteren im Kühlschrank gelagerten Überlebensrationen.

So, und jetzt gehe ich schlafen; vom Bett aus kann ich hier sowieso alles bedienen: Zähne, Tee, Türe usw.

Herzlichst grüßt Dich Dein River-Rafter Jörg

Im Hackengang

Dienstag, 23. Juni – Ich bin mir ganz sicher, heute Nacht hat jemand meinen Wohnanhänger an einen Bahndamm gezogen und direkt neben den Gleisen abgestellt. Ich höre es laut und deutlich: zuerst eine S-Bahn, dann ein Güterzug, dann wieder eine S-Bahn. He, wie ist das möglich, wer wie was wann wo? Der Lärm kommt von oben. Ich wache endgültig auf. Es ist der Regen. Unglaubliche Lautstärke, ungeheure Mengen. Der Platz steht bestimmt komplett unter Wasser und die Isar ist längst über die Ufer getreten. Werden wir ja sehen.

Zuerst einmal Weiterschlafversuch. Vielleicht hätte ich unser Raft doch schon mal aufpumpen sollen. Weiterschlafversuch. Dieser Lärm. Da hörst du noch nicht einmal die Amseln von Thalkirchen. Weiterschlafversuch. Und wenn der Platz doch schon unter Wasser steht? Weiterschlafversuch. Und immer dieser Lärm. Warum regnet es eigentlich gerade hier in Thalkirchen so pausenlos überflüssig?

Wasser reichlich, aber noch keine totale Überschwemmung. Gang durchs nasse Gras und durch verschiedene Wasserstellen, kenne ich schon. Schrupp, putz, wasch, break, alles morgendlich fast.

Mein Auto steht auf einer Insel. Trocken dorthin zu gelangen ist unmöglich. Ich versuche es im Hackengang. Wenn jetzt einer beim Frühstück aus seinem Camper schaut … Ach was, die schlafen doch alle noch. Mit leicht nassen Socken schaffe ich es ans Steuer meines Wagens.

6:30: Ich muss zum Flughafen. Ich rolle zum großen Tor von Thalkirchen. Verschlossen. SCHEI... (Scheiße). Ja richtig: Tor geöffnet von 7:00 bis 23:00. Da steh ich nun, ich nasser Tor vor dem verschlossnen (Thal-)Kirchentor. Und warte. Warte auf den Hausl (bayerisch für Hausmeister/Platzwart). Aber der kommt net. Shit happens, auch ohne Löwenbräu im Kopf (oder gerade weil?).

Happy End. Ich habe den Flieger doch noch erwischt. Der Hausl hat um 6:42 das Tor geöffnet. Danke! Während der Zwangswartezeit habe ich ein bisschen Tagebuch geschrieben. Die Fahrt zum Flughafen musste ich zügig erledigen.

Im Flieger

Wenig später sitze ich auch schon im Flieger nach Belgrad. JAT, die in Serbien übrig gebliebenen Reste der staatlichen jugoslawischen Fluglinie. Gäbe es neben der schwarzen Liste auch eine dunkelgraue Liste von Fluggesellschaften, dann wäre diese Gesellschaft dort sicher eingetragen.

Ab und zu spricht einer der Piloten zu den Passagieren: »Es sollte eigentlich losgehen, wir warten noch auf unsere Papiere.« Die Passagiere warten ungeduldig mit. »Es sollte eigentlich losgehen. Wir warten noch auf einen Passagier.« Die anderen Passagiere warten immer noch. Das ist Time Killing. Die pure Verschwendung.

Die Sonne scheint. Das Flugzeug fliegt. Wider alle Erwartungen. Ein Steward kommt. Er bietet an: ein Gummikäse-Gummibrötchen, bei der Lufthansa gestern übrig geblieben. Abgelehnt. Und dann noch einen ganz verpackten Mikrokeks »Noblice Sendvic«. Angenommen. Ich bin mir nicht sicher, ob ich das wirklich essen werde, aber ich bin mir auch nicht sicher, was mir heute noch angeboten werden könnte. So ein Reservekekschen könnte trotz unbekannter, unkontrollierter Inhaltsstoffe unkontrollierbare

Hungerattacken für wenige Minuten verzögern. Also lege ich den Reservekeks auf den unbesetzten Nebensitz.

Die Türe zum Cockpit steht offen, das entspricht nicht den geltenden internationalen Vorschriften. Aber wer sollte dieses Flugzeug wirklich entführen wollen. Weil ich sichtlich interessiert aus Reihe vier nach vorne zum Cockpit blicke, schließt eine Stewardess schamlos zügig den Schamvorhang zwischen Business- und Economy-Class. Solche Blicke sind eben nur Business-Passagieren genehmigt. Aber ich sitze Economy. Die Business ist unbesetzt.

»Something to drink?«

»Yes, please some Coke.«

»What?«

»Coca Cola, please.«

»Sorry, no. We just have juice and water.«

»So I take some water please.«

»With or without gas?«

»Wonderful, thank you.«

Welch eine internationale Servicewüste am europäischen Himmel. Service muss man dort oben erleiden können, duldsam.

Gelandet. Nach Verlassen der Sicherheitszone werde ich schon erwartet. Fahrt zu Besprechungen in die Innenstadt. Hier in Belgrad ist das Wetter deutlich freundlicher, ein echter Lichtblick.

Erster Anlaufpunkt ist ein Café unter freiem Himmel (diese Einrichtungen sind in Deutschland zurzeit alle unbenutzbar). Wir sprechen über geplante Erneuerungen von Start- und Landebahnen der Flughäfen Belgrad, Srebrenica und Tivat. Die Technik ist schnell erläutert. Doch wer soll das bezahlen? Wir diskutieren aufgeregt, vielsprachig und zukunftsorientiert.

Juni 2009

Im Hochwasser

Zurück in München. Hier regnet es immer noch. Alles spricht von Hochwasser, auch die Titelblätter der Boulevardpresse. Einige Straßen sind bereits gesperrt. Thalkirchen ist jedoch mit normalen Fahrzeugen noch erreichbar. So, und ich habe nun über eine Woche gewartet, endlich sportlich aktiv werden zu können. Regen hin, Regen her. Ich muss jetzt raus, und zwar auf der Stelle, sofort.

Ich starte isarabwärts, wechsle beim Tierpark über die Fußgängerbrücke auf die andere Flussseite und laufe auf dem östlichen Hochwasserdamm Richtung Münchner Innenstadt.

Die Rückkehr zur westlichen Uferseite über die Flaucherbrücke ist nicht möglich, hier wird der Zugang von Bediensteten der Stadt München soeben verbarrikadiert. Ein Riesenschild: WEGEN HOCHWASSER GESPERRT. Offensichtlich hat der zuständige Stadtbeamte Sorge, die Flaucherbrücke könnte den Wassermassen nicht standhalten.

Das Flussbett der Isar ist wirklich eindrucksvoll mit Wasser gefüllt. So habe ich die Isar noch nie gesehen. Aus einem netten Stadtflüsschen ist ein reißender Gebirgsfluss geworden. Hier brodelt, schäumt, spritzt und zischt das Regenwasser der vergangenen Tage. Auch die Uferwege sind gesperrt. Der Hochwasserdamm ist jedoch noch frei, so laufe ich weiter bis zur Brudermühlbrücke. Dort empfängt mich ein eiskalter Westwind, der die Regentropfen waagrecht gegen mich schmeißt. Auf der anderen Brückenseite verschwinde ich wieder in den Schutz des Isarauenwaldes und laufe am Flaucher vorbei zurück nach Thalkirchen. Heute gibt es leider keine Glühwürmchen, die mir in der Dämmerung den Weg weisen könnten. Trotzdem war der Lauf gar nicht so schlecht. Ich war auch nicht der einzige

Läufer. Ein paar Verrückte, die ihren Trainingsplan einhalten wollen, finden sich immer. Auch bei widrigsten Witterungsbedingungen. Je schlechter das Wetter, desto ehrgeiziger die Läufer. Ja und die Hundebesitzer, die müssen auch raus, weil die Hunde mal rausmüssen, weil sie müssen.

Ich freue mich auf eine heiße Dusche. Ausgestattet mit Shampoo und großem Handtuch starte ich ins Waschhaus, zweite Dusche von links. Waschfertig stehe ich in der Kabine und will den Warmwassertoken einwerfen, aber da ist kein Token. Nicht in der Hosentasche und sonst auch nirgends. Einfach vergessen. Alles retour. Zurück in meinen Camper. Aus dem Regal über der Küchenzeile, wo noch reichlich von diesen Token liegen, nehme ich mir zwei Teile und mache mich wieder auf den Weg ins Waschhaus. Waschfertig stehe ich in der Kabine und werfe den Warmwassertoken ein, aber der fällt unten wieder raus. Beim genauen Hinsehen erkenne ich das Problem. Der vermeintliche Token ist ein 20-Cent-Stück, und der zweite auch. Soll ich jetzt wieder einmal so richtig angemessen fluchen? Nein, ich widerstehe. Stattdessen: Ich lächle, asiatisch. Ich habe dazugelernt. Ich lächle über mich, über diese lächerliche Begebenheit, über meine dritte Chance.

So gehe ich also wieder zurück zu meinem Camper, nehme mir zwei Original-Token, sehe mir diese Teile genau an, bin mir sicher, dass es sich diesmal tatsächlich um die benötigten Warmwasserduschmarken handelt, und gehe nun zum dritten Mal, immer noch ungeduscht, jedoch regennass, zum Waschhaus. Waschfertig stehe ich in der Kabine und werfe den Warmwassertoken ein, und Warmwasser Marsch. So herrlich kann Duschen sein, man muss nur warten können, und lächeln.

Von: Joerg Eschenbach
Gesendet: Mittwoch, 24. Juni 2009 00:39
An: Rivercamper-Fans
Betreff: Hochwasser

Liebe Freunde,

Wasser von allen Seiten, die Villa ist innen toptrocken. Im Vorzelt hat sich schon ein Maulwurf zum Aufwärmen und Abtrocknen eingefunden. Trotzdem war ich heute (genau genommen gestern) endlich wieder mal eine Stunde laufen, bis es finster wurde. Die Glühwürmchen hatten leider auf Energiesparmodus umgeschaltet und konnten mir daher nicht heimleuchten.

Grüße aus dem Hochwassergebiet Isar

Euer Rivercamper Jörg

Am Parkautomaten

Mittwoch, 24. Juni 2009 – Der Regen lässt allmählich nach, vorsichtshalber nehme ich trotzdem einen Schirm mit auf den Weg zum Waschhaus. Heute erledige ich die morgendlichen Routinen wieder im Schutz des regendichten Waschhausdaches.

Mittags geht es mir überdurchschnittlich gut. Mein Freund Hans aus München hat Mitleid und lädt mich in ein Münchner Innenstadt-Fine-Dining-Restaurant ein. Er hat wohl Sorge, ob man mir, dem Camper vom River, dort wohl auch Einlass gewähren wird. Nicht dass er erwartet hätte, ich käme statt im grauen oder dunkelblauen Anzug und feiner Krawatte in Camperbekleidung, nämlich Adiletten sockenfrei, blaue Baumwolltrainingshose leicht ausgebeult, mit ein paar Zahnpastaflecken drauf, labbriges Urlaubs-T-Shirt aus Jesolo und Caterpillar-Kappe. Nein, es geht um mögliche eingetretene körperliche Veränderungen. Kopfbemoosung? Hungerödeme? Schwimmhautbildung an Füßen und Händen? Geistige Verwirrnis?

Nichts von alledem! Wenn sich auch einige Freunde ernsthaft Sorgen machten wegen meines an den Bahndamm verschleppten Wohnanhängers. Alles okay. Auch der Kopf! Natürlich hat man mich nicht zusammen mit meinem Wohnanhänger entführt. Das Bahngleis ist weit. Keine Bedrohung. Aber es hätte ja sein können.

Nach ausgiebiger Begutachtung meines Zustandes steht dem geplanten Restaurantbesuch nichts mehr entgegen.

Zuerst reichlich Fisch, was sollte ich, als einer, der am Fluss lebt, auch sonst zu mir nehmen, etwas Sauvignon Blanc vom Polz aus der Südsteiermark und zum Abschluss noch einen Espresso; der sollte mich wachhalten bis zum heutigen Abend.

Herzlichen Dank, das hat gutgetan. Ich muss leider weiter. Notartermin in Stuttgart. Da ist persönliches Erscheinen notwendig. Ich parke mein Fahrzeug am Münchner Hauptbahnhof. Inzwischen schüttet der bayerische Himmel wieder größere Wassermengen herab. Mein Kollege nimmt mich in seinem Auto mit nach Stuttgart, die Rückfahrt nach München ist per Bahn geplant.

Und die beginnt Am Abend mit den üblichen Herausforderungen am Ticket-Automaten der Deutschen Bahn. Wie lange wirst du heute brauchen? Kommt deine Bahncard wieder raus? Wird die Kreditkarte akzeptiert? Hast du alles fünf Mal richtig eingegeben. Wirst du mit einem gültigen Ticket belohnt? Ja, keine Systemstörung, alles richtig gemacht. Der Automat klopft mir anerkennend auf die Schulter. Die hinter mir Wartenden klopfen mit und seufzen erleichtert auf, auch sie haben heute noch eine Chance auf Reiseantritt.

Der Zug kommt nicht pünktlich, fährt aber pünktlich ab. Das geht in Ordnung. Vorher war ich noch beim Burger King und habe einen USB-Stick in Form einer Pommes-Tüte für vierneunundneunzig erstanden. Wie viel in die Tüte passt? Das weiß ich noch nicht.

Ich sitze im Zug von Stuttgart nach München. Ein ganzes Abteil für mich. Die Sitzbank erinnert mich an meine Zugfahrten als Kind, ich erkenne den Schokoladenfleck, den ich hier vor einundfünfzig Jahren hinterlassen habe. Die Heizung lässt sich immer noch nicht regulieren. Im Abteil hat es tropische Temperaturen, der Schalter steht auf dem Gefrierpunkt. Dafür knackt es alle vier Sekunden irgendwo in der Heizung. Bei einer Fahrzeit von 143 Minuten (ab 18:53 – an 21:16) knackt es also 2145mal bis München. Toll. Ich bin fasziniert.

»Guten Abend. Noch jemand zugestiegen?«

»Ja, ich.« Strecke mein Ticket hin.

Kritischer Blick und fachmännischer Zwick. »Danke schön, und gute Weiterreise.«

Die Pommes-Tüte steckt jetzt im Computer. Sieht echt supergeil aus. Ich schreibe bis nach München. Der Tag ist eigentlich schon gelaufen, aber dann hat er doch noch was zu bieten. Oft sind es ja die kleinen Ereignisse, die das Leben so spannend machen.

Komme leicht verspätet so circa 21:30 am Münchner Hauptbahnhof an. In meinem Magen knurrt es begehrlich. Ich kaufe ihm eine frische Brezel, die nicht mehr ganz frisch ist, aber wer ist noch wirklich frisch um diese Zeit. Brezel in die Tüte, Tüte in die Manteltasche.

Leider muss ich den überdachten Bahnhofsbereich Richtung Außenparkplatz verlassen. Es regnet. So ganz fein. Ich beschleunige meine Schritte zum nahe gelegenen Parkplatz. Wo ist der Kassenautomat. Rechts neben der Garageneinfahrt, genau außerhalb der Überdachung. Wirklich geschickt angebracht.

Ticket rein. WAOH! 48 Euro! Was? Quatsch! Kann nicht sein. Ticket raus, noch mal rein. 48 EURO. Ich drücke die Ruftaste. Keine Antwort. Noch mal. Keine Antwort. Okay, jetzt checke ich mal die Tariftafel links der Garageneinfahrt. So klein geschrieben und natürlich unbeleuchtet, dass ich Mühe habe beim Lesen. Eine Stunde 3 Euro, ein Tag 22 Euro.

Mein Auto steht seit 8 Stunden hier, macht maximal 22 Euro. Scheiße, da stimmt doch was nicht. Zurück zum Automaten, Ticket rein. 48 Euro. Da steht eine Mobilnummer: »Wählen Sie bei Störungen«. Wenn das keine Störung ist. Also krame ich mein Mobiltelefon aus der Tasche und wähle: 0176-129669889.

»Die gewählte Rufnummer ist nicht vergeben«, weist mich die weibliche Automatenstimme hin. »Bitte rufen Sie Ihre Auskunft elf-acht-drei-drei an.«

Ja, spinn ich den komplett, so ein Scheißladen. Habe ich mich im Dunkeln vielleicht vertippt. Ich gebe die Nummer erneut ein, vielleicht war da ein Neuner zu viel. Okay, jetzt klappt es. Rufzeichen. Ich warte. Nichts, keiner hebt ab.

Ich gebe auf. Stecke Firmenkreditkarte rein. Das dauert! Was ist los, kommt die vielleicht auch wieder raus? Ich warte. Anzeige: Kreditkarte ungültig, Fehler 912pg. Es regnet. Kreditkarte kommt aus dem Schlitz wieder zum Vorschein. Wenigstens das funktioniert.

Okay, dann halt die private. Reingesteckt. Nichts. Same procedure. Kreditkarte ungültig, Fehler soundso. Karte raus.

Also dann bleibt nur noch das Bargeld. 50-Euro-Schein in den Geldschlitz: Rein und gleich wieder raus. Okay, Entschuldigung, jetzt muss es raus: So ein Oberscheißdrecksautomat, so eine beschissene Dreckskiste. Ich drehe den Schein um, noch mal rein, wieder raus.

Halt, jetzt sehe ich was im Halbdunkel. Der nimmt nur Fünfer, Zehner und Zwanziger. Ja Himmelkreuzkruzifix. Hab ich nicht. Da muss ich wohl zurück in den Bahnhof zum Wechseln.

Ich gehe los, da sehe ich links neben der Einfahrt zu den Außenparkplätzen noch ein Schild mit Tarifen. Und ich kanns kaum glauben. Kurzparker. 20 Minuten 2 Euro, macht 6 Euro die Stunde, macht in 8 Stunden: 48 EURO! Ja, so eine Pisse. Was hilft's, das habe ich beim Einfahren, möglicherweise wegen des heftigen Regengusses, einfach nicht gesehen.

Zurück in den Bahnhof. Dort in den ersten Laden: Burger King. Mein neuer Lieblingsladen, du kriegst dort alles, was du brauchst: Cola, Wraps, Burger, USB-Sticks, hoffentlich auch Wechselgeld.

Jetzt bin ich schon an der Reihe.

Könnten Sie mir bitte den Fünfziger wechseln? Ich muss mein Parkticket zahlen.

Ja gern, aber die Kasse ist zu, Sie müssen bis zum nächsten Kunden warten.

Okay, okay. Haben Sie vielleicht einen Coca-Cola-USB-Stick für vierneunundneunzig?

Haben wir USB-Sticks? (Ruf nach hinten)

Nein, alles weg.

Schade.

Nächster Kunde: Double Big Burger, Cola XXXL, Chicken Wrap und was weiß ich noch alles.

Zack, die Kasse geht auf. Zwei Zwanziger, ein Zehner.

Äih toll! Superfreundlich, danke und tschüss.

Raus in den Nieselregen, zum Kassenautomat. Zwanziger rein und wieder raus. Die jetzt von mir ausgestoßenen Flüche übersteigen die Vorstellungskraft eines anständigen deutschen Lesers bei Weitem. Sie sind nicht erwachsenenfrei und auch nicht aufschreibbar. Kreuzverfluchteroberscheißdreck.

Versteckte Kamera? Hat man mich schon entdeckt, den komischen Rivercamper? Ich kann nichts feststellen.

Try-and-error-Versuche. Irgendwann ist das Scheißgeld endlich drin und das bezahlte Ticket wieder da. 30 Minuten Zahlvorgang, 30 Minuten Lebenszeit vergeudet und um eine Geschichte reicher. Wie schön kann das Leben sein.

Morgens fröhlich in Deutschland

Donnerstag, 25. Juni 2009 – Heute hätte ich fast verschlafen. So eine Stille, was ist denn jetzt wieder los? Der Regen hat aufgehört. Es regnet einfach nicht mehr. Sind das wirklich Sonnenstrahlen, oder leuchtet mir jemand mit seinem Fernlicht in den Camper. Eigentlich könnte ich schon noch eine Runde schlafen. Und da, welch eine Freude: eine Motorsäge. Und dann noch eine.

Das ist doch wunderbar. Wiedereinschlafversuche kannste dir gleich sparen. Wozu auch wieder einschlafen. Einfach aufstehen. Ich habe schließlich bereits sechs Stunden geschlafen. Also einfach heraus aus der Schlafkoje. Ich springe munter und fröhlich aus dem Camper, hopse fast barfuß durchs taunasse Gras, leise ein Morgenlied trällernd, zur internationalen Wellness-Oase, unserem großzügigen Waschhaus.

Beim Zähneputzen muss ich das Trällern zwar einstellen, auch während der Nassrasur scheint mir die Demonstration morgendlichen Wohlbefindens zu gefährlich, aber während der sonstigen Waschhandlungen steht einem munteren Weiterträllern nichts entgegen.

Ich freue mich auf meinen frischen Morgentee, »Stäffelesrutscher«, schwarzer Tee aus der Stuttgarter Tee-Manufaktur. Seitenbacher Müsli, das beste, verfeinert mit frischer Bergbauernmilch aus dem Berchtesgadener Land, Pfister Sonne, das Brot der Superlative aus der Münchner Hofpfisterei, und Honig von biologisch angetriebenen Powerbienen aus dem fleißigen Süden. Ein perfektes Frühstück. Das gibt Kraft, das macht Laune. Nun bin ich super vorbereitet für die Aufgaben des bevorstehenden Tages. Probleme, wenn ihr denn entsteht, ich werde euch überwinden.

Wenn du morgens schon fröhlich bist, halten dich in Deutschland alle für geistesgestört oder bekifft oder unter Restalkohol stehend. Das soll meiner Laune keinen Abbruch tun. Bei der Fahrt aus dem Campground grüße ich die wenigen Aufgestandenen, einige – deutlich Nicht-Deutsche – grüßen freundlich zurück. An der Tierparkbrücke lasse ich drei Fahrradfahrer vorbei, die auf der falschen Straßenseite von rechts die Kreuzung überqueren. Das bringt mir ein Hupsignal von rückwärts ein. Ich winke dem Fahrer freundlich zu. Bei der nächsten Fußgängerüberführung halte ich an und winke die dort wartenden Kinder über die Straße. Für von links oder rechts abrupt die Spur wechselnde Autofahrer habe ich ein Lächeln parat, wahrscheinlich sind sie nur in Eile oder sie sind zu spät aufgestanden. Dem Omnibus, der plötzlich links blinkt und sofort ansetzt, seine zweifelhafte Vorfahrt zu erzwingen, lasse ich selbstverständlich sein kurzfristig beanspruchtes Unrecht.

An der Ampel rechts neben mir eine blonde Lady, vielleicht war sie auch schwarzlanghaarig, im schicken Münchener SLiX Coupé. Ich nicke ein freundliches »Guten Morgen«. Sie blickt überlegen negierend in die andere Richtung.

Auch die nächsten Guten-Morgen-Versuche schlagen völlig fehl. Vielleicht verfolgt mich ja bald die Polizei, wegen morgendlicher Belästigung oder sexual harassment. Ob man die Polizei am frühen Morgen ohne Aufforderung schon grüßen darf? Lieber nicht ausprobieren, das könnte eine zeitraubende Fahrzeugdurchsuchung zur Folge haben. Wenn die Autofahrer so mies gelaunt zu ihrem Arbeitsplatz fahren, warum fahren sie dann überhaupt? Sollen sie sich doch lieber krankmelden, wegen Föhn oder Migräne. Oder überhaupt nicht arbeiten, immer noch besser, als den ganzen Tag ohne jegliche Lust auf Kosten anderer Leute Ausschuss zu produzieren. Ich wünsche euch bedauernswerten Geschöpfen trotzdem einen schönen Tag, vielleicht geht es euch ja bald wieder besser.

Freitag, 26. Juni 2009 – Heute bin ich pünktlich zurück in Thalkirchen. Andrea kommt zu Besuch. Mein Camper muss ein wenig aufpoliert werden. Und ich poliere, obwohl es da, ehrlich gesagt, nicht viel zu polieren gibt. Boden wischen. Geschirr spülen. Ich packe in meine blaue Kunststoffwanne alle Gläser, Tassen, Teller, Messer und Löffel. Sonst habe ich nichts benutzt. Einen kräftigen Schuss Spülmittel dazu und einen sauberen Lappen.

Ich klemme die Wanne unter den Arm, setzte meinen beflissenen Hausfrauenblick auf und wandere zu den Geschirrspülbecken im Freiluftteil des Waschhauses. Dort ist bereits eine Campermami mit ihrer kleinen Tochter mit dem Putzen eines Pfifferlingshügels beschäftigt. Meine freundlichen und sachkundigen Kommentare prallen ab, sodass ich mich nun voll auf die Reinigung meines Geschirrs konzentrieren kann. Tellerwaschen schadet nicht, und hat einige Leute richtig weit nach oben gebracht. Im Tellerwaschen steckt Potenzial. Und Schaum. Als ich nämlich zufällig mal zu meinen Füßen hinabblicke, sehe ich sie nicht. Ich stehe wahrlich voll angezogen in einem Freiluftschaumbad. War wohl doch zu viel Spülmittel. Jetzt schäumt es heftig aus dem Gully. Was soll's, mein Geschirr ist sauber, ich verlasse die Säuberungsstätte und überlasse das Schaumbad anderen Sauberkeitsfanatikern.

Als ich zu meinem Haus am Fluss zurückkehre, ist Andrea schon angekommen und bewundert den Zustand meines Anwesens. Willkommensdrink. Dann machen wir uns auf zum Essen außer Haus, denn heute bleibt die Küche im Camper kalt. »Da Fausto« am Tierpark ist das Ziel. Du kriegst dort keine Krokodileier, Löwenkeulen oder Elefantenrüsselchen, sondern 253 italienische Gerichte, mehr als in ganz Italien.

Früher war »Da Fausto« ein echtes Münchner Szenelokal. Auf dem Weg zur Toilette findet sich auch heute noch der Beweis. Dort sind die Wände vollgehämmert mit Porträts und Autogrammen all derer, die in den Siebzigern und Achtzigern Rang und Namen hatten und unterschreiben konnten. Freundlich sind sie bis heute im »Da Fausto«. Und Birra bianca gibt's dort auch. Also heute kein Grund zum Meckern. Wir fühlen uns wohl hier und haben uns jede Menge zu erzählen.

Von: Joerg Eschenbach
Gesendet: Donnerstag, 25. Juni 2009 18:42
An: Rivercamper-Fans
Betreff: Fröhliches Wochenende

Hallo, liebe Weekender,
gestern reiste Andrea aus den Bergen ins River-Camp. Heute sind wir zwecks Wohnungsübergabe nach Stuttgart weitergefahren. Weil unsere Wohnung nun endgültig leer geräumt ist, haben wir Asyl bei unseren lieben ehemaligen Nachbarn Foong und Co. Bed and Breakfast mit angeschlossenem asiatischen Spitzenrestaurant. Herzlichen Dank. Superweine sind dort auch immer auf Lager.
Bis bald, dann wieder live aus dem River-Camp

Euer Jörg

Frische Quelle

Samstag, 27. Juni 2009, Stuttgart – Wir, Andrea und ich, mussten nochmals zurück nach Stuttgart, um die von uns in Degerloch angemietete Wohnung offiziell an den Vermieter zurückzugeben.

In der Garage hatten wir einige Hausratteile mit dem Status »definitiv überflüssig« oder »definitiv unbrauchbar« zurückgelassen. Das musste entsorgt werden. Die ultimative Telefonabmeldung und Telefonummeldung nahm trotz freundlichem Service in einem Stuttgarter Telefonladen noch mehr Zeit, Geduld und Nerven in Anspruch als ohnehin schon erwartet.

Der Zweite-Hand-Laden in Stuttgart-Heslach entlohnte uns für die übergebenen Bekleidungsteile. Damit war der mittägliche Lunch gesichert.

Schließlich war dann doch alles erledigt. Zeit für eine Belohnung in Form einer kulturellen Veranstaltung über den Dächern von Stuttgart.

Hofbaumeister Giovanni Salucci errichtete im Auftrag König Wilhelms I. von Württemberg, zu Ehren von dessen mit nur dreißig Jahren verstorbener russischen Ehefrau Königin Katharina, eine Kapelle auf dem Rothenberg.

In diesem historisch-romantischen Ambiente gibt heute Abend der Stuttgarter Damenchor »Frische Quelle« sein Debüt. Ich habe keine erläuternden Worte zum Namen »Frische Quelle«, da ich nicht klar genug erkennen kann, welche Symbolik hier zugrunde liegt. Die vierzig Sängerinnen befinden sich jedenfalls in der nicht mehr ganz so frischen Mitte ihres Lebens, haben offensichtlich viel Spaß am Singen, üben fleißig und geben heute Abend Lieder zum Besten, die sie unter dem Motto »Liebesfreud und Liebesleid« zusammengestellt haben. Sie wissen bestimmt, von was sie hier singen, und wir werden sie sicher auch verstehen.

Das launige Sommerwetter schickt sich an, trocken zu bleiben. Erwartungsfroh besteigen wir den Rothenberg, an dessen Flanken Stuttgarter Wein in verschiedenen Trauben seinem finalen Genuss entgegenwächst. Der Ausblick ist eindrucksvoll, nicht nur auf die Weinstöcke, sondern auch auf die Stadt und die umgebenden Hügelketten.

Der Zutritt zur Kapelle wird uns verwehrt, da wir keine Karten vorbestellt haben, das heißt: weil ausverkauft, keine Karten mehr vorbestellen konnten. So warten wir also und hoffen, dass nicht alle chorbegeisterten Karten-Vorbesteller ihre vorbestellten Karten tatsächlich abholen werden. Dreißig Minuten, die Hoffnung schwindet.

Die Dirigentin hebt den Taktstock. Auf Fingerzeig des Platzanweisers schlüpfen wir durch einige rückwärtige Reihen in ein unbesetztes Eck des runden Tempelbaus.

Die »Frische Quelle« legt los; das kann sich hören lassen. Mit viel Stimmvolumen und Hingabe erfüllen die fröhlichen Sängerinnen den Tempelraum.

In der wehmütigen Romantik der Umgebung entschweben meine Gedanken auf den Flügeln der lieblichen Liebesmelodien. Mein Wohnanhänger steht mit weit geöffnetem Dach auf einer Waldlichtung des Berges Ida einige Hundert Meter über der Küste der griechischen Insel Kreta. Ein lauer Abendwind fächelt die würzigen Düfte ägäischer Kräuter in mein Camper-Cabrio. Dreißig verführerische Nymphen tanzen für mich. Voller Leidenschaft wiegen sie sich zum lieblichen Gesang ihrer göttlichen Liebeslieder. Vier griechische Göttinnen massieren meine Füße und Hände mit reinstem, zart duftenden Olivenöl. Eine fünfte Göttin, es ist die zauberhafte Aphrodite, führt einen mit Eis und Ouzo gefüllten Becher an meinen Mund. Ich schlürfe das göttliche Getränk und genieße den lieblichen Gesang. Jetzt bin ich mir ganz sicher, ich bin Zeus.

Doch dann kommt der Gesang plötzlich von unten, aus dem Hades des königlichen Rothenberges. Die Sängerinnen sind hinabgestiegen zu den Toten. Unheimlich durchdringen ihre Stimmen die Grabkapelle. Dann versiegen die Stimmen und es wird still, ganz still.

Harter Applaus der Ich-will-zuerst-Klatschwütigen bringt mich zurück in den Samstagabend. Danke, liebe »Frische Quelle«, für das erhebende Gesangserlebnis.

Wildsaugeschichte, die Erste

Montag, 29. Juni – Eigentlich wollte ich nur mal kurz auf meinem Bergrad ausreiten. Und das, obwohl ich trotz eines mit Spezialfunktionssportklamotten vollgestopften Overhead-Departments, meine Ausrüstung nicht komplett zusammenstellen konnte. Ich fand einfach kein Radhemd. Nur zwölf Laufhemden. Eine schwierige Gewissensfrage: Kann man mit einem Laufhemd wirklich Rad fahren? Meine Beine sind entgegen jeglicher Radfahrer-Etikette auch nicht rasiert. Ich konnte mich dann doch zu einem Kompromiss überreden und bin tatsächlich gestartet.

Vom Rivercamp geht es westlich der Isar Richtung Grünwald. Alles schön befestigt, den Wasserstellen am Weg kann ich gut ausweichen. Grünwald ist schnell erreicht. Irgendwo sehe ich einen Wegweiser nach Schäftlarn. Scheint mir eine gute Richtung und eine gute Idee.

Auf und ab auf dem Schotterweg nach Süden. Die Wasserstellen nehmen zu, reichlich Wasser läuft von der rechten Böschung über den Weg. Die Niederschläge der letzten Wochen haben den Waldboden gut durchnässt. Und auch die Wege. Die Wegweiser werden immer spärlicher, entweder waren sie Opfer des Hochwassers, oder die örtlichen Vertreter unbekannter Interessen wollen aus unerklärlichen Gründen die Orientierung für nicht ortskundige Radfahrer unmöglich machen. Als Ersatz nehmen die Verbotsschilder zu. Also entweder werde ich jetzt Gesetzesübertreter, oder ich muss mich auf ein Biwak in einem ausweglosen Sackgassenlabyrinth einstellen.

Ein steil abwärts führender ausgeschwemmter Fahrweg leitet in die Flussniederung, und hier wird es ernst. Schlammpfützen, nein Schlammlöcher erheblichen Ausmaßen, und dann ein Zaun und ein Schild: KEINE DURCHFAHRT! Was heißt das? Gibt es keine Durchfahrtsmöglichkeit, oder ist die Durchfahrt nur unerwünscht? Mit wem soll ich diskutieren, wen soll ich fragen? Hier gibt es nur Wasser, Schlamm, Bäume und Verbotsschilder. Also ein Stück zurück. Ein Brücklein, wacklig mit fehlenden Bodenbrettern, bringt mich ein Stück weiter in die schlammige Au. Dort, wo Radspuren aus den graubraunen Tümpeln wieder herausführen, müsste ein Durchkommen doch möglich sein.

Schreck, Eintauchen bis zur Radnabe, aber ich schaffe es. Am anderen Ufer ist der Boden wieder tragfähig, zumindest für ein paar Sekunden. Mein Bergrad ist zugekleistert. Schlamm überall. Über nasse, glitschige Wurzeln erreiche ich den rettenden Hochwasserdamm. Mit zunehmender Geschwindigkeit fliegen die Schlammbatzen von den Reifen immer höher über mich, auf mich und um mich herum.

Ich erreiche die befestigte Straße, die vom Kloster Schäftlarn kommend die Isar quert. An der Isarbrücke lockt das Gasthaus *Bruckenfischer* mit schattigen Kastanienbäumen, Brotzeit und Bier. Vorausschauend habe ich kein Geld mitgenommen. Ohne Geld keine Maß. Das Maß aller Dinge ist eben nicht die Maß, sondern das Geld für die Maß.

Nach wenigen Metern führt links ein Weg zurück in die Isar-Wirklichkeit. Auf einem trockenen Schotterweg mit einigen Richtungspfeilen strample ich flussabwärts zwischen Isar und Isarkanal bis zum Wehr beim Mühltal. Der Wehrbau ermöglicht die trockene Überquerung des Kanals. Jeder Ortskundige weiß, dort befindet sich eine weitere bayerische Biergarten-Oase *Zur Mühle*. Mangels Masse verzichte ich auch hier auf eine eigentlich längst überfällige Einkehr.

Weiter geht die Fahrt bis zum nächsten Wegabzweig. Schild: FÜR FAHRRÄDER NICHT GEEIGNET! Verbotsschild? Gebotsschild? Hinweisschild? Abwehrschild?

Aufforderungsschild! Genau richtig! Was für Fahrräder nicht geeignet ist, ist für Bergräder sicher optimal. Alles beginnt ganz harmlos, angenehm, Schotterweg, fast ein bisschen langweilig. Dann erste Pfützen. Große Pfützen. Große schlammige Pfützen. Große schlammige Pfützen, denen ich nicht mehr ausweichen kann.

Und dann geht es erneut zur Sache. Geradeaus SACKGASSE (Schild), rechts ab FUSSWEG (Schild). Also rechts. Eine steile Böschung bergauf. Die Schlamm-Achterbahn beginnt, vorweggenommene Wiesn-Attraktion mitten im Wald, ohne Eintritt. Es dämmert. Wurzeln, runter, Absatz, scharfe Kurve links, scharfe Kurve rechts, Schlammloch, Wurzeln, Zweige, Baumstämme. Ich muss meine Sonnenbrille, auch Schutzbrille genannt, abnehmen. Sie schützt mich nicht mehr, sondern verhindert den Durchblick. Weiter rauf, runter, rüber, rechtsrum, spritz, schleuder, Schlamm, Wasser, aus allen Richtungen.

Nächstes Loch. Glück gehabt, wieder rausgekommen. Baumstamm quer, unten durch. Morast. Tümpel. Nasse Wurzeln. Linkskehre. Absatz. Böschung. So geht es dahin, einige Kilometer. Irgendwo muss da auch der Georgenstein gewesen sein. Für Fahrräder nicht geeignet.

Irgendwann legt sich der Spuk, die Schaltung funktioniert noch, die Bremsen reiben. Fliegen im Ohr. Mücken im Auge. Dreck in der Nase.

Ei-jei-jei-jei-jei-jei. Das musste wohl wieder sein.

Von: Joerg Eschenbach
Gesendet: Montag, 29. Juni 2009 23:31
An: Rivercamper-Fans
Betreff: Wie eine Wildsau

Hallo, liebe Freunde der stationären Hütten,
hier jetzt das Neueste aus den Isarauen. Es regnet nicht mehr, das Hochwasser sinkt, ich habe viele neue Nachbarn, auch die Zeltleute sind wieder aufgetaucht.

Ehrlich gesagt, ich schaue aus wie eine Wildsau, die gerade nach reichlich Drehungen und Wendungen ihrer Suhle entstiegen ist. Die Leute hier haben mich ganz neugierig, verständnislos oder bedauernd angesehen. Ich entscheide mich daher für eine Waschung unter Verwendung von mindestens 3 Duschmarken (3 Euro!) und wandere unter Mitnahme einer sauberen Hose, eines sauberen Hemds und reichlich Shampoo zur Waschanlage, die heute erstmals sauberer ist als ich.

Voll angezogen stelle ich mich unter den voll aufgedrehten Duschstrahl und arbeite mich vom Kopf abwärts. Nach Verbrauch der ersten Marke (4 Minuten!) erkenne ich verschiedene Teile wieder als die meinen, setze den Waschvorgang fort und wechsle von den Schuhen in die Badeschlappen. Ein detaillierter Oberflächencheck nach saugendem Getier, wie Blutegel, Zecken und sonstiges Gewürm, leitet schließlich über zur finalen Reinigung der Augen, wo sich noch einige Überreste der fliegenden Insektengattungen finden lassen.

So sauber, wie ich jetzt bin, gibt es zur Belohnung eine Schneider Weisse und Bettruhe bis morgen. Meinen neuen Nachbarn aus dem niederbayerischen Vilshofen hatte ich noch rechtzeitig gebeten, meinen erbärmlichen Zustand fotografisch festzuhalten. Das ist geschehen. Er und seine Frau sind bereits im Ruhestand, fahren aber trotzdem nicht

per Bergrad durch Pfützen, Schlamm und Morast. Stattdessen sind sie während des Sommers mit ihrem Wohnanhänger auf Mitteleuropas Straßen unterwegs. Einen genauen Plan haben sie nicht. Die Ziele legen sie nach Lust, Laune und Wetter kurzfristig fest. Beneidenswert. Hier in München wollen sie noch ein paar Tage bleiben, obwohl ihnen der Campingplatz in Thalkirchen überhaupt nicht gefällt. Es sind wohl andere Werte, die sie hier an München binden.
Mein Bier geht zur Neige und ich gehe jetzt ruhen.

Euer gereinigter Rivercamper Jörg

Mein Tinnitus

Entspannt auf dem Rücken, Arme unter der Decke, Hände flach auf dem Brustkasten, liege ich in meiner bequemen 160 mal 210 Zentimeter großen Luxuskoje … und kann nicht einschlafen. Die Standardeinschlafposition ist nicht zielführend. Schafe zählen und vergleichbare blödsinnige Methoden helfen mir sowieso nicht. Gedanken ausblenden, wie soll das funktionieren?

Ich versuche es in Seitenlage. Erst links. Dann rechts. Dann wieder links. Nichts hilft. Habe ich zu viel gegessen? Oder zu viel getrunken? Nein, daran sollte ich mich erinnern können. Auch habe ich mich diesmal meines hundertprozentigen Anti-Einschlafprogramms, einem Kaffee am Nachmittag, standhaft enthalten.

Vielleicht ist es die Ruhe, diese unglaubliche Ruhe, inmitten von so vielen Campern. Nichts ist zu hören, keine Stimmen, keine Musik, kein Fernseher, kein Schnarcher, keine Schritte, kein Seufzer, kein Atemzug. Eben nichts. Wie wenn hier niemand wäre. Totale Ruhe. Fatal. Schlaflosigkeit und totale Ruhe sind fatal. Ich weiß das. Zu viel Stille ist die Basis für die Wahrnehmung von Eigengeräuschen. Jetzt höre ich ihn. Meinen Tinnitus. Unaufgefordert, ungestört und ungefiltert. Originalton. Pfeifkonzert in Stereo. Hochtöner in High-Fidelity-Qualität. Damit ist jeder weitere Einschlafversuch unmöglich. An Schlaf ist nicht mehr zu denken, stattdessen denke ich an den Ursprung dieses Töne-Terrors.

November 1999. Ich sitze auf dem Beifahrersitz neben meinem Chauffeur in meiner schwarzen extralangen Vorstandslimousine auf der Fahrt von Stuttgart nach München. Irgendwo auf der Autobahn vor Ulm, stockfinster und Regen. Schlagartig ertönt es in meinen Ohren in einer Lautstärke und Tonlage wie bei einer Rückkopplung zwischen Mikrofon und Lautsprecher.

Zunächst gehe ich davon aus, dass sich diese ekelhaften Töne sofort wieder verabschieden – tun sie aber nicht. Stattdessen kleben sie auf meinen Hörnerven wie angenietet.

Medizinisch gesehen handelt es sich, wie ich später erfahren habe, um einen Infarkt im Ohr. Seit sechs Wochen bin ich Mitglied des Vorstands der Philipp Holzmann AG. Vor wenigen Tagen mussten wir wegen Zahlungsunfähigkeit und Überschuldung einen Insolvenzantrag stellen. Wir sind pleite.

Bei Holzmann angeheuert hatte ich für die Führung des – zumindest überwiegend – positiven Auslandsgeschäfts, doch dann überträgt man mir kurzerhand die Verantwortung für die in größten Problemen steckenden deutschen Bauaktivitäten, die sogenannten Sanierungsfälle. Schließungen von Unternehmensteilen und dramatischer Personalabbau an sechzig Standorten stehen auf meiner To-do-Liste. Plötzlich habe ich einen Job, den ich nie haben wollte, in einem Unternehmen, das ohne massive Hilfe von außen nicht mehr reanimierbar ist.

In den zahlreichen Vorstellungsgesprächen mit Mitgliedern des Aufsichtsrates und des Vorstandes ist von der dramatischen Lage nicht einmal andeutungsweise die Rede gewesen. Hier standen nur meine Eignung, meine Erfahrung und meine Leistungsfähigkeit zur Beurteilung an. Darüber gab ich ehrlich und vollständig Auskunft. Dieser krasse Unterschied im Umgang mit der Wahrheit kann aber jetzt nicht zur Diskussion stehen. Jetzt muss sofort mit aller zur Verfügung stehenden Kraft gearbeitet werde.

Anlässlich einer Feier, Monate später, kommentiert ein Mitglied des Aufsichtsrates die Umstände meiner Berufung und der eines weiteren Kollegen in den Vorstand mit klaren und einfachen Worten: »Es war eine der großen Leistungen des damaligen Vorstandsvorsitzenden, Sie so zu bescheißen, dass Sie in dieser nahezu aussichtslosen Lage für Holzmann Ihre Vorstandverträge unterschrieben haben.«

Danke, dem ist nichts hinzuzufügen.

Jetzt bin ich auf Rundreise kreuz und quer durch Deutschland, um Tausende von Mitarbeitern, die mich nicht kennen und die ich nicht kenne, auf Betriebsversammlungen davon zu überzeugen, dass Holzmann eine Zukunft hat, was ich selbst kaum zu glauben wage.

So fährt mich mein Chauffeur an diesem schicksalhaften Tinnitus-Tag in einer Pause zwischen den in Frankfurt stattfindenden Banken- und Krisensitzungen nach Stuttgart zu einer der großen Tochterfirmen des Konzerns. Dort trete ich im großzügig gestalteten Empfangsraum, noch ohne Hörstörungen, vor die verzweifelte, hoffnungslose Belegschaft und versuche, trotz schlechtester eigener Stimmung, Zuversicht zu verbreiten.

Nach zweifelhafter einstündiger Überzeugungsarbeit besteige ich wieder meine Limousine, um zur nächsten Veranstaltung nach München gebracht zu werden. Während dieser Fahrt beginnt ohne jegliche Vorwarnung die üble Tonstörung, die ich nicht mehr abstellen kann. Statt sofort ein Krankenhaus aufzusuchen, trete ich in München zur nächsten Rede an und lasse mich anschließend nach Frankfurt zurückfahren, immer in der Hoffnung, diese Foltertöne werden sich von selbst wieder ausblenden. Das tun sie aber nicht.

Am nächsten Tag halte ich die Beschallung nicht mehr aus und eile zu einem von meiner Sekretärin kurzfristig zu einem Termin überredeten Ohrenspezialisten in der Nähe unseres Bürogebäudes.

Die Begrüßung ist wenig erfreulich: »Warum kommen Sie erst jetzt? Die Heilungschancen haben sich bereits deutlich verschlechtert.«

»Ich hatte keine Zeit. Ich musste unsere Mitarbeiter beruhigen und sie von einer gemeinsamen Zukunft überzeugen.«

»Daran werden Sie sich jetzt wahrscheinlich Ihr Leben lang erinnern. Sie brauchen sofort absolute Ruhe. Haben Sie verstanden? Absolute Ruhe und täglich Infusionen. Vielleicht kann ich Ihnen so noch helfen.«

»Absolute Ruhe? Unmöglich. Ich kann mich doch jetzt nicht einfach ausblenden. Infusionen, okay. Die werde ich irgendwie in meinen Terminplan quetschen. Aber Ruhe, vergessen wir das. Ich bin jeden Tag woanders. Definitiv keine Zeit.«

»Wie Sie meinen, es sind ja Ihre Ohren. Am besten, Sie bleiben gleich hier. Im Nebenraum können Sie sich hinlegen. Die Infusion muss langsam laufen, dauert circa eineinhalb Stunden.«

Eine freundliche Assistentin verkabelt meinen Kreislauf mit einem Liter Infusionsflüssigkeit. Langsam tropft das Zeug in mich hinein. Ich liege wie auf Nadeln. Ständig muss ich auf die Uhr schauen. Von Ruhe keine Spur. Von draußen höre ich unsere Mitarbeiter. Lautstark demonstrieren sie für den Erhalt unseres Unternehmens und ihrer Arbeitsplätze.

Die Infusionen der nächsten Tage erhalte ich in verschiedenen Notaufnahmen verschiedener deutscher Krankenhäuser, abends zwischen 21 und 23 Uhr. Das Wort »Holzmann« öffnet alle Türen. Sanitäter und Ärzte sind freundlich und ernsthaft bemüht, mir zu helfen.

Holzmann ging, der Tinnitus blieb. Wenn es Nacht wird über Deutschland und still, dann kommen sie, die Holzmann-Töne, dann wird unabstellbar gepfiffen, beidseitig. Auch das ist Management. Eigenrisiko.

Training isaraufwärts

Dienstag, 30. Juni – Ein Riesengewitter umzingelt München. Dunkelschwarz von allen Seiten.

Ich schließe vorsichtshalber schon mal die Luken. Aus dem geplanten Isarlauf wird wahrscheinlich auch heute nichts. Windböen. Es geht los. Zunächst sprüht es ein wenig, und dann hört es unerwartet schnell wieder auf. Also nichts wie raus. Dem geplanten Lauf steht nun doch nichts mehr im Wege.

Meine Waterfront-Villa ist bekanntermaßen nicht total riesig, trotzdem habe ich Mühe, das benötigte Laufzeug zusammenzusuchen. Also Laufhemden gibt es wirklich reichlich, aber ich finde nur Radhosen; mit denen kannst du definitiv nicht laufen. Schließlich finde ich doch eine Laufhose in einer

Tasche auf dem oberen Stockbett. Wer hat die denn dorthin gelegt?

So, jetzt aber los. Vorbei an unzähligen fremden, neuen Campern. Wo die nur alle herkommen? Aus dem Norden Deutschlands. Kann ich ja verstehen, dort hat es seit Wochen nicht geregnet. Aus der Slowakei, Italien und Finnland und aus Spanien. Die armen Spanier, müssen jetzt während des Sommers alle ihr Land verlassen. Kein Platz mehr, alles voll mit Deutschen.

Hinaus durchs offene große Tor und links herum über die Brücke des Flößerkanals. Trotz Hochwasser auf der Isar hier ganz niedriger Wasserstand. Weiter auf dem Hochwasserdamm isaraufwärts. Hier ist richtig was los. Läufer aller Geschwindigkeits- und Altersklassen, athletisch, durchgeschwitzt, locker-leicht und angestrengt. Midlifecrisis-Papa mit Mama, er könnte schneller, dann läuft sie aber nicht mehr mit. Also läuft er sichtlich unzufrieden, weil zu langsam, und sie unzufrieden, weil zu schnell und für ihn zu langsam. Gemeinsam laufen ist schwer.

Biker und Radfahrer und Bikerinnen und Radfahrerinnen zur Linken und zur Rechten von hinten und von vorn. Auf der Isar ein einzelner Kajakfahrer. Die Großhesseloher Brücke, eine Bahnbrücke mit darunterliegendem Fußgängergeschoss, hoch über der Isar wird sichtbar. Dort will ich hinauf und auf die andere Flussseite.

Zuerst noch einen Kilometer auf dem Damm dahin, schließlich rechts steil hinauf an einigen Radschiebern vorbei zum Einlass in das Brückenfußgängergeschoss. Die Seiten sind komplett vergittert, weil hier früher immer wieder Leute hinuntergesprungen sind. Das ist nicht mehr möglich, dafür hat jetzt die S-Bahn immer wieder Verspätung.

Man kann bis nach München blicken, und im Süden könnte man vielleicht die Alpen sehen, heute jedoch nicht.

Am Ende der Brücke über einige Treppenabsätze noch weiter hinauf auf das Isarhochufer. Läufer, Spaziergänger, Hunde aller Größenklassen, Rennrad, Mountainbike und Hollandrad. Menterschwaige, da könnte man schön einkehren oder im wunderschönen Biergarten sitzen. Und sich eine Maß reintun. Rein theoretisch.

Weiterlaufen. Nicht umdrehen und nach hinten blicken. Hier gibt es ein paar alpin anmutende Abzweige nach links in das steil abfallende Isarhochufer.

Zweiter Abzweig links. Treppenstufen. Wurzeln, ausgewaschener Steig. Ich hüpfe vorsichtig hinab. Unten, heil angekommen auf dem rechten Dammweg, zieht mich eine zügige Läuferin bis zur nächsten Isarbrücke flussabwärts. Hier ist richtig was los. Alles steht, fährt oder läuft auf der Brücke herum, bestaunt das Hochwasser, die Gruppe Bootsfahrer und insbesondere die Feuerwehr, die mit fünf Wasserspritzen das Wasser in hohem Bogen in die Isar spritzt. Wo das Wasser herkommt? Ja aus der Isar. Spritzenprobe?

Jetzt noch einige Hundert Meter auf der anderen Seite zurück, an der geschlossenen Currywurst (Kiosk vor dem Einfahrtstor) vorbei zum Rivercamp. Heute bin ich ziemlich sauber. So läuft es sich hier.

Von: Joerg Eschenbach
Gesendet: Dienstag, 30. Juni 2009 20:35
An: Rivercamper-Fans
Betreff: Akku leer

Hallo liebe Freunde,

vom Waschen und Duschen will ich diesmal nichts erzählen, aber eines kann ich Euch nicht ganz vorenthalten. Heute musste ich mir endlich die Haare schneiden. Zu diesem immer wiederkehrenden Zweck habe ich mir vor einiger Zeit einen Haarschneider gekauft; das geht prima, schnell, zuverlässig und kostengünstig ohne Trinkgeld.

Also nehme ich Stellung am zweiten Waschbecken von rechts, wo der Wasserhahn tropft, stelle die Schnittlänge auf Stufe 4 (vielleicht 4 Millimeter) und beginne die Prozedur.

Zuerst einmal in der Mitte durch, dann wird an der rechten Kopfhälfte gearbeitet. Und während ich so nachdenke, ob das vielleicht Schwarzarbeit ist oder gewerbesteuerpflichtig oder ob ich damit vielleicht rechtschaffene, voll ausgebildete Friseure arbeitslos oder zumindest teilarbeitslos mache, wird die Maschine immer langsamer und bleibt schließlich stehen. Akku leer.

Das kann doch wohl nicht sein, bleibt mir denn gar nichts erspart? Ich blicke in den Spiegel. Ja jetzt schaust vielleicht blöd aus.

So viel zum letzten Junitag, 9 Tage Sommer hatten wir schon.

Euer Jörg mit Rivercut.

5

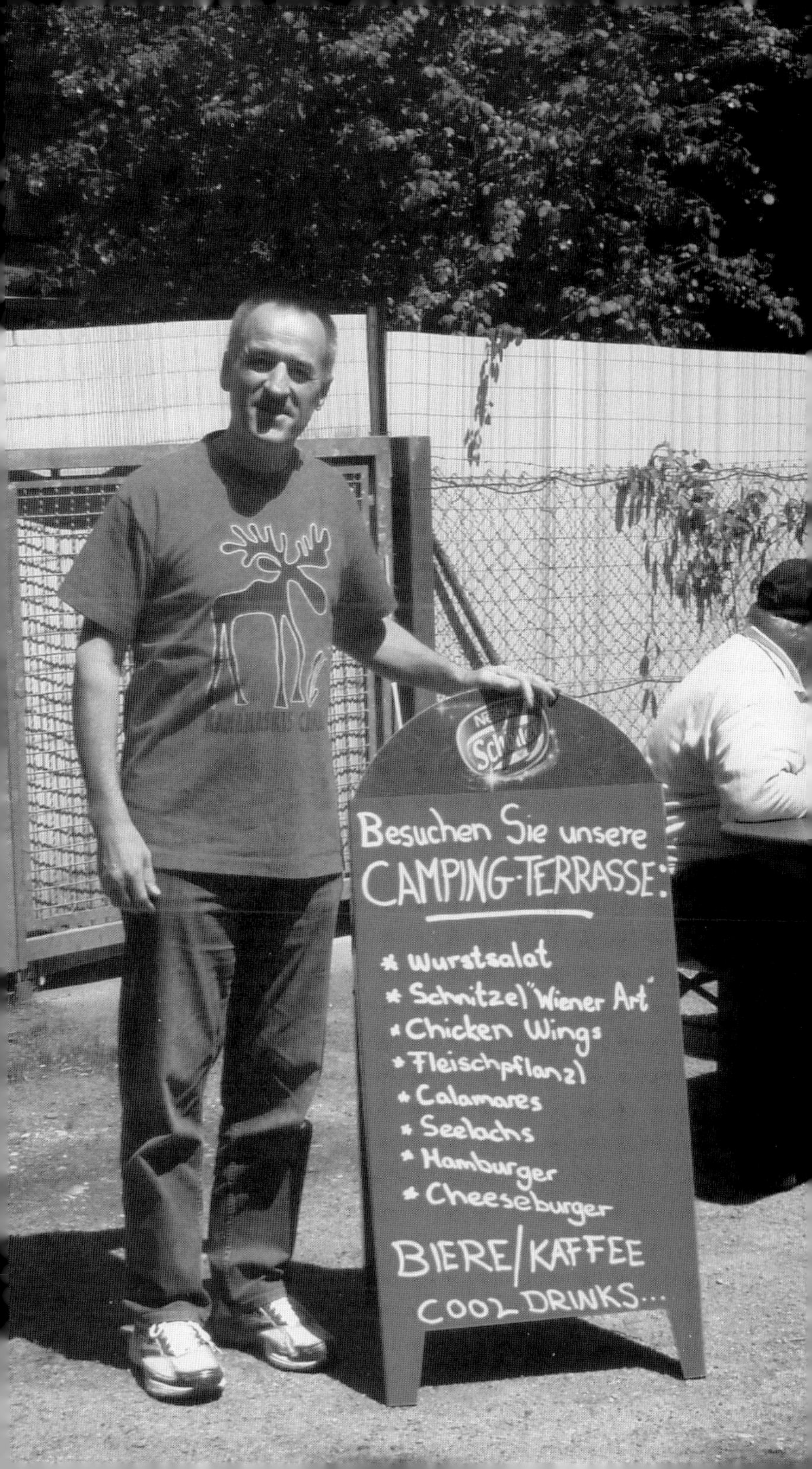
Besuchen Sie unsere
CAMPING-TERRASSE:
* Wurstsalat
* Schnitzel "Wiener Art"
* Chicken Wings
* Fleischpflanzl
* Calamares
* Seelachs
* Hamburger
* Cheeseburger
BIERE/KAFFEE
COOL DRINKS...

BELL
GORE
BIKE WEAR
G-ZERO

D
STA
GLÜCK FREIZEITMARKT Sulzemoos

Dethleffs
CAMPER
CAMPER

JULI 2009

Besuchstag

Mittwoch, 1. Juli 2009 – Heute ist Besuchstag, Tag der offenen Campertür. Mein Freund Peter hat sich angekündigt. Er will nachsehen, ob hier im Rivercamp alles mit rechten Dingen zugeht, ob ich hier wirklich nächtige, ob meine Berichte ausreichend Wahrheitsgehalt aufweisen, ob ein Wohnanhänger einem Hotelzimmer tatsächlich vorzuziehen ist. Ja, er ist es!

Peter ist überrascht von der Größe und Ausstattung meines Anwesens. Ist doch alles da: großes Bett, Küche mit Kühlschrank und mehrflammigem Gasherd, Badekabine mit Waschbecken, Toilette und Dusche, mehrere Schränke, Stauraum reichlich, Tisch mit Sitzbänken; Dachluken, Fenster und Eingangstüre mit Insektenschutz, ein zusätzliches Stockbett, Fahrradgarage, Heizung und natürlich mein Vorzelt mit Campingtisch und vier Klappstühlen. Alles abschließbar. Alle Stauräume gut gefüllt. Vorräte reichlich. Trotz Dauerberegnung innen nicht nass, nicht einmal feucht, alles wirklich trocken. Aufgeräumt und sauber ist es auch.

Und trotzdem, er will nicht bleiben auf eine Höflichkeitshalbe oder wenigstens die Pflichthalbe; der nackte Hunger treibt ihn fort. So steuern wir den nächstgelegenen Biergarten, die »Waldschänke«, an. Da Peter noch ein Stündchen Heimfahrt vor sich hat und ich noch eine Runde laufen will, begehen wir eine bayerische Todsünde: Wir bestellen zwei Halbe alkoholfreies Weißbier, was der Kellner nicht einmal kopfschüttelnd zur Kenntnis nimmt.

Dazu ordern wir dann wenigstens stil- und artgerecht zweimal Bayerischen Wurstsalat und zwei frische Brezn, aus Protest gegen die *Mexikanische Woche*, die in diesem mehrfach ausgezeichneten bayerischen Biergarten gerade angesagt ist. Wer will denn in einem Münchner Biergarten Paella und Tortillas essen und dazu Sangria saufen? Ja wer denn? Also wir auf jeden

Fall nicht. Diese spanisch-mexikanische Speisekarte muss man ja nicht lesen, die lässt sich sauber auf die Seite legen. Aber was man nicht auf die Seite legen kann, sind die drei mexikanischen Straßenmusikanten – die nicht. Heute Nachmittag haben sie noch in der Kaufingerstraße gestanden, jetzt sind sie schon hier. Statt ordentlich aufzugeigen, kommt unter den sicherlich regendichten, überdimensionalen Sombreros eine Mischung aus Andengeflöte und Tangogesängen hervor.

Wir haben Glück, sie kommen nicht an unseren Tisch. Wahrscheinlich liegt dieses Glück auch an der soeben einsetzenden Wetterwendung von trocken auf nass. Die Musikanten bleiben trocken unter ihren Hüten, wir bleiben trocken unter den weiß-blauen Paulaner-Regenschirmen, die eigentlich die Intensität der im Sommer sonst üblichen Sonnenbestrahlung reduzieren sollen.

Wir trinken aus. Peter kehrt zurück in die geordnete Welt der Stationär-Hausbewohner. Ich kehre zurück in die geordnete Welt der Mobil-Hausbewohner. Auf dem Zufahrtsweg zu meinem Camper bemühen sich gerade sieben blonde Schwedinnen, ihre beiden Wohnanhänger einzuparken. Großzügig biete ich meine Hilfe an. Sie winken ab, sie seien schließlich schon sieben, das reiche aus. Ich bin widerspruchslos einverstanden. Wieder eine Gefahr weniger, meinem bereits geschädigten Rücken noch weitere Schäden zuzufügen. Beeindruckt schaue ich mir das routinierte schwedische Camperparken an, dafür werde ich umgehend zum abendlichen Grillen mit zugehörigem Umtrunk eingeladen. Wer könnte so eine Einladung ausschlagen? Natürlich sage ich sofort zu, der gewählte spätere Zeitpunkt gibt mir noch ausreichend Raum für die geplante sportliche Trainingseinheit.

Der Regen hat aufgehört, ein Umstand, der sich durchaus positiv auf meine Motivation auswirkt. Statt für einen Lauf entscheide ich mich für eine kleine Trainingseinheit auf dem Rad. Allzu viele Kilometer konnte ich in diesem Sommer noch nicht sammeln, die wenigen Möglichkeiten will ich nutzen.

Da stehen nämlich noch ein, zwei Wunsch-Solls auf meiner To-do-Liste für 2009: Erstens möchte ich die Episode Stuttgart abschließen, indem ich per Fahrrad von Stuttgart-Degerloch nach München fahre, und zweitens müssten die Alpen wieder einmal überquert werden. Das sind Strecken, auf die man sich vorbereiten sollte, um nicht frühzeitig auf alternative Fortbewegungsmittel umsteigen zu müssen. Also rauf auf das Rad. Auf dem Hochwasserdamm entlang der Isar nach Süden. Diesmal lasse ich mich nicht auf morastige Abwege führen. Dennoch, auch die befestigten Wege sind nass, die Reifen schleudern Wasser und Dreck über meinen Rücken und in Richtung meines Gesichts. Zurück im Camp habe ich wieder den Crossfahrer-Look, der die Blicke der anderen Campbewohner neugierig auf sich zieht.

Während ich mein Bergrad von den übelsten Verschmutzungen befreie, versucht ein freundlicher älterer Neuseeländer mich davon zu überzeugen, als Zugabe auch noch sein Auto zu waschen. Ich biete an: er möge zuerst meinen Rücken reinigen, dann würde ich sein Auto duschen. Er lehnt ab. Das lässt sich verschmerzen. Für einen kleinen Plausch von Camper zu Camper bleibt dennoch Zeit. Natürlich kommt es zuerst zum üblichen Where-do-you-come-from-Check. Ich erzähle meine Kurzgeschichte, die er sichtlich vergnügt zur Kenntnis nimmt.

»My name is John, nice to meet you.«

Er streckt mir die Hand entgegen.

»I am George.«

Ich habe nur meine schmutzige rechte Hand zum Schütteln anzubieten.

John ist zusammen mit seiner Frau seit einigen Wochen auf Europa-Tour. Sie waren beide Lehrer an einer Highschool in Christchurch und sind seit zwei Jahren im Ruhestand. Seither touren sie mit nur wenigen Unterbrechungen durch die Welt. Als Unterkunft dient ihnen ein winziges Zwei-Mann-Leichtzelt. Das nenne ich Downsizing. Ich erzähle, dass meine Frau und ich schon seit Jahren von einer Reise nach Neuseeland träumen. Das führt unmittelbar zum Adressentausch. Er und seine inzwischen hinzugekommene Frau würden sich riesig über einen Besuch freuen. In ihrem Haus hätten sie reichlich Platz für Gäste. Allerdings sei die Wahrscheinlichkeit sehr gering, sie zu Hause anzutreffen. Wir sollten uns rechtzeitig anmelden.

Die nette Unterhaltung würde ich gerne weiterführen, aber mich fröstelt. Ich weise auf meinen schmutzig-nassen Zustand hin und verabschiede mich in Richtung meines Vorgartens. Dort wartet bereits der nächste Gesprächspartner, mein Nachbar aus Niederbayern. Bergrad und verdrecktes Outfit sind wahre Kommunikations-Stimulatoren. Er beklagt sich bitter über den Zustand der sanitären Anlagen.

Trotzdem wende ich mich nach der Materialpflege und den nachbarlichen Gesprächen nun der dringend notwendigen Körperpflege zu. Im Waschhaus finde ich noch mehr Neuseeländer und auch einige Brasilianer (natürlich nicht die singenden Biergarten-Mexikaner; die vermute ich in einem gepflegten Stadthotel). Die Herren aus Brasilien können die Warmwasser-Dusch-Automaten nicht bedienen. Ich erkläre weltmännisch, fachmännisch den komplizierten Mechanismus. Warmwasserhahn zu, Token in den Kasten, los gehts, quattro minuti. Dankbares Kopfnicken.

Na dann viel Spaß unter Münchens Warmwasser, es fließt im Vier-Minuten-Takt.

Schwedische Nacht

Gereinigt und trockengelegt will ich nun meine schwedische Einladung einlösen. Der direkte Weg führt hinter meinem Wohnanhänger in wenigen Metern aufs schwedische Grundstück. Dort sitzt die ganze Familie rund um einen veritablen Grill.

Hallo, good evening, I am Tschortsch.

Hey, nice that you join us.

Die schwedische Runde ist gut gelaunt, alle reden durcheinander.

Was sprecht ihr denn für Sprachen? Könnt ihr auch Deutsch?

Nein, just a few words.

Wir einigen uns auf englische Konversation. Nun beginnt die Vorstellungsrunde.

I am Maja. I am Tuva. I am Molly. I am Klara. I am Saga. I am Julia. I am Linnea. I am Papa, my name is Olle.

Das sind mir zu viele Namen auf einmal, das kann ich mir so schnell nicht merken. Julia bietet mir einen Campingstuhl an. Ich nehme zwischen ihr und Linnea Platz.

And what's your name? Tschortsch is not German.

My German name is Jörg.

Jörg, that's fine, no problem. Something to drink?

Das wäre wirklich super, ich habe einen Riesendurst. Wo kommt ihr denn her? Wo wart ihr denn letzte Nacht?

Ich bekomme eine Flasche Bier überreicht, Löwenbräu, bestimmt aus dem Campingplatz-Kiosk.

Thank you very much. Skoll.

Wir stoßen kräftig an. Ich habe wirklich einen Riesendurst. Hoffentlich reicht der Nachschub.

We are from Östhammar, north of Stockholm.

Sorry, ich war noch nie in Schweden. Ich habe keine Ahnung wo das ist.

Wir sind jetzt zwei Tage gereist. Einmal im Jahr macht unsere ganze Familie gemeinsam Urlaub. Dann fahren wir mit unseren Wohnanhängern meistens in den Süden.

Wo wollt ihr denn diesmal hin?

Nach Sardinien.

Ups, dann habt ihr ja noch eine riesige Strecke vor Euch. Was macht ihr denn, wenn ihr nicht Urlaub macht?

Ein paar von uns leben in Stockholm, die anderen sind in Östhammar. Was machst du denn hier? Du machst doch keinen Urlaub.

Ich erkläre meinen Status und den Grund meines Campingplatzaufenthalts.

That's not true. You are a liar.

No, I am not!

Seine Frau hat ihn rausgeschmissen.

Nonsense.

May be, he lost his job.

Ich widerspreche.

Ich hasse Hotels.

Storyteller! But you like big cars.

Die Verdächtigungen und launigen Unterstellungen wollen kein Ende nehmen.

Jörg, mal ehrlich, bist du pleite.

Shit, no. Do you have another beer?

Ich bekomme noch ein Löwenbräu und nun auch ein Stück frisch gegrilltes Fleisch.

Irgendwann wirken Dementis nur noch verstärkend. Ich gebe auf. Die Wahrheit bringt mich hier nicht mehr weiter. Die Gesprächsstrategie heißt jetzt: lügen, was das Zeug hält, und wahre Begebenheiten dazumischen.

Okay, I am civil engineer, I graduated here in Munich at the Technical University. My first job was in the German construction business. For some years I worked in the oil business in Canada. After returning to Germany I started as investment banker. Ich arbeitete für eine große amerikanische Bank in Frankfurt. Die Bank ist pleite. Ich bin rausgeflogen. Meine Aktienoptionen sind nichts mehr wert. Auch ich bin fast pleite. Das Auto hat mir ein Freund geliehen. Ich versuche gerade, mir eine neue Existenz aufzubauen. Eine Wohnung kann ich mir zurzeit nicht leisten.

No, no, Jörg, that is too much. This is also not true. Come on. How many beers did you have already?

Okay, ladies, was soll ich euch noch erzählen? Was macht ihr denn so?

Ich bin Pilotin bei Scandinavian Airlines.

Ich bin Sportlehrerin und Mittelfeldspielerin in der schwedischen Damen-Nationalmannschaft.

Ich bin die Mutter von diesen sechs Verrückten.

Ich bin Pferdeartistin.

Es wird gekichert und heftig auf Schwedisch getuschelt.

Ich bin Ranger in einem schwedischen Nationalpark.

Ich bin Ballet-Tänzerin.

(Das glaube ich nie.)

Ich bin Mannequin und hätte es fast zur Miss Schweden geschafft.

Der Papa schmunzelt und sagt nichts.

I believe none of you. You are the biggest story-telling family I have ever seen.

Do you want to have another beer?

Yes please and some realistic answers please.

Zu spät, das wird heute nichts mehr mit der Wahrheit. Wir albern weiter. Ganz allmählich kann ich den einzelnen Girls auch ihre Namen zuordnen. Morgen wollen sie noch zum Sightseeing nach München und übermorgen weiterreisen.

Papa hat jetzt noch eine Flasche Wodka ausgepackt. Mein Ablehnen hilft mir nicht.

I have to go back to work tomorrow.

Jörg, no problem for you. Skoll.

Some more beer and some wodka and you will have a wonderfull sleep.

Ich bin mir da nicht so ganz sicher.

Jörg, skoll!

Skoll, Olle!

Bald ist es wirklich genug.

Okay, ladies, it was a wonderfull, trueless evening. We will see us tomorrow. Now I am sleepy and ... and I think I got enough to drink. Thank you very much.

Nun umarmen sie mich alle der Reihe nach: Julia, Linnea, Saga, Klara, Molly, Tuva, Maja.

Papa Olle schüttelt mir freundlich die Hand und klopft mir auf die Schulter.

Tschortsch, it was a very nice evening. But tell me, what are you really doing here on this terrible campground.

Olle, I will tell you my story tomorrow again, but now I have to go back to my camper.

Good night, sleep well.

Zurück in meinem Camper liege ich ziemlich schnell in meiner Koje. Die Koje vollführt leichte Drehbewegungen. Ich brauche mehr Frischluft, öffne die Dachluke und hoffe auf eine trockene Nacht.

Ich schlummere.

Es klopft.

Klopft hier jemand, oder habe ich eine Störungsmeldung?

Tscho-ortsch.

I am already sleeping.

No, you are not.

Ich spreche manchmal, wenn ich schlafe.

Es klopft erneut.

Tschortsch.

No-o.

Tschortsch, you forgot your jacket.

Wer flötet hier vor meinem Schlafwagen? Ich stehe auf und öffne die Haustüre.

I didn't wear a jacket.

Vor mir steht Julia.

I know.

I think, its better you go to bed now.

I thought, we could have another drink.

No really, we will not have another drink.

Sorry, Tschortsch, good night.

Good night, Julia. Sleep well. See you tomorrow.

Stammtischtag

Donnerstag, 2. Juli – Erster Donnerstag im Monat ist Stammtischtag, natürlich erst am Abend, im *Bratwurstherzl* am Viktualienmarkt. Da ich die letzten zehn Jahre nicht in München gelebt habe, war ich während dieser Zeit nur ein Mal dabei. Trotzdem wurde ich nicht verstoßen und darf wieder teilnehmen. Ich freue mich und bin echt gespannt, wen ich noch ohne Hilfestellung erkennen werde und ob meine ehemaligen Stammtischfreunde mein Gesicht meinem Namen bzw. meinen Namen meinem Gesicht zuordnen können. Das wird sicher heiter werden.

Die Wettervorhersage warnt vor schweren Gewittern mit Orkanböen und Hagelschauern, das kann auch heiter werden.

Am Nachmittag schweift mein Blick immer wieder vom Schreibtisch Richtung Himmel. Mit zunehmend sorgengefalteter Stirn versuche ich mich auf meine Arbeit zu konzentrieren. Was sich da am Himmel an Farben zusammenmischt, wird von meiner umfangreichen Gewittererfahrung der letzten Wochen als höchst besorgniserregnend eingestuft.

Am späten Nachmittag geht es dann erstmals im Münchner Osten so richtig zu Sache, schweres Gewitter in seiner Reinform. Dort steht im Stadtteil Zamdorf mein Schreibtisch im Schutz eines Bürogebäudedaches. Die Regenablaufrohre können die riesigen Wassermassen jedoch nicht mehr geordnet abführen. Im Straßenbau werden für solche Fälle spezielle Regenrückhaltebecken gebaut; dort werden kurzfristig anfallende große Wassermengen gesammelt und nach Abklingen der Regengüsse in geregelter Menge den Abwassersystemen zugeführt. Aber unser Büro ist nicht auf der Straße, ein Regenrückhaltebecken gibt es nicht. Wasser findet immer seinen Weg, diesmal in die Kellergeschosse und in die Tiefgarage. Dort sieht es nun aus wie an einem Isar-Nebenflüsschen.

Eigentlich wollte ich von meinem Schreibtisch aus direkt zum Stammtisch aufbrechen. Die Wettererscheinungen des Nachmittags lassen mich jedoch intensiv über die Widerstandskraft meiner Rivercamp-Wohnanlage grübeln. Wenn ich nicht weiß, ob dort alles in Ordnung ist, kann ich nicht ruhigen Gewissens am Stammtisch sitzen.

Nach Büroschluss wate ich also durch den Tiefgaragensee zu meinem Fahrzeug und breche zur Camp-Kontrolle Richtung Münchner Süden auf. Während der Fahrt kann ich das Unheil bereits klar und deutlich vor mir erkennen. Dunkelschwarze, tiefergelegte Wolken, Blitze aus allen Richtungen in alle Richtungen. Da hat sich richtig was zusammengebraut, da toben die Naturgewalten.

Was hält meine Edelbehausung aus? Ist mein Vorzelt schon isarwärts entrückt? Ist der Camper wegen Blitzeshitze zu einer Einkaufstüte zusammengeschmolzen, aus der nur noch die Lenker meiner Fahrräder herausragen? Wie viele Bäume liegen von Höchstspannung völlig zerfetzt auf der Zufahrtsstraße?

Je weiter ich in den Münchner Süden vordringe, desto mehr Wasser. Riesige Pfützen und unzählige Äste auf den Straßen zeigen den Schweregrad des durchgezogenen Unwetters an, aber der Regen klingt ab, das Gewitter flüchtet.

Auf der Zufahrtsstraße zum Campingplatz sieht es wild aus: Schlamm, Äste größeren Durchmessers, Überflutungen. Das alles deute ich auch ohne hellseherische Fähigkeiten als schlechtes Omen. Ein erster Blick über den Platz beruhigt mich leicht, zumindest der größere Teil der Zelte und Wohnanhänger scheint relativ unbeschädigt zu sein. Als ich dann mit meinem Fahrzeug um die entscheidende Ecke biege, sehe ich mein Rivercamp inmitten eines großen Teiches. Mein Vorzelt hat den gewaltigen Windböen nicht standhalten können und hängt nun an meinem Caravan herab wie ein Windsack bei windstillem Wetter.

»Scheißzelt, saublödes«, fluche ich laut und vernehmlich. Zu meiner inneren Befriedigung darf ich dann aber feststellen: Mein Camper hat es überstanden, schadlos, kein Kratzer außen, kein Tröpfchen innen.

Das Vorzelt lässt sich nicht mehr aufrichten, eine der Firststangen ist gebrochen. Für Reparaturmaßnahmen habe ich jetzt jedoch weder Lust noch Zeit; ich will zum Stammtisch, auch wenn ich hier in meinen Ankleideräumen nicht die notwendigen Ausstattungsteile bereithalte. Es fehlen die Lederhose, Wadenstrümpfe und meine grüne Jacke. Ob man mich wohl auch so unbayerisch profan vorlässt, wie ich jetzt aussehe?

Die Zeit ist fortgeschritten, meine Stammtischfreunde sitzen sicher schon rund um den entscheidenden Tisch. Die Wege zur U-Bahn stehen immer noch unter Wasser; mir erscheint mein Auto als geeignetstes Verkehrsmittel. Ich will, also fahre ich. Das schützt auch vor zu hohem Bierkonsum. Vierzig Minuten später betrete ich das *Bratwurstherzl*. Wo ist der richtige Stammtisch? Welche der ergrauten Herren sind meine alten Stammtischbrüder?

Da ein Gedächtnis-Aufflackern: Dort rechts in der Nische am Fenster eine große Runde von Silberköpfen, der Midlife-Crisis längst entwachsen, in lautstarke Gespräche vertieft. Das könnten sie sein. Ich trete näher. Einige Brüder blicken auf. Sie erkennen mich. Nun lautstarke freudige Begrüßung, nach einigen Grübelsekunden haben wir uns tatsächlich alle wiedererkannt (angeblich).

Nun werden natürlich erst einmal die jüngsten Ereignisse der letzten zehn Jahre ausgetauscht. Wo warst du? Was machst du? Wie geht's dir? Was macht deine Frau? Seit wann bist du in München? Wo wohnt ihr jetzt? Was, ist das wirklich dein Ernst, du bist in Thalkirchen am Campingplatz? Erzähl!

Womit wir beim Thema wären. Ich erzähle von unserem Wohnungsproblem, von meinen Thalkirchner Erlebnissen, vom nachmittäglichen Gewitter, von meinen Tagebuchaufzeichnungen und von meinem Fanklub.

Ungläubiges Staunen. Inzwischen ist meine erste Halbe vom vielen Zuprosten leer und die herbeigesehnte Bratwurst in voller Länge angekommen.

So sitzen wir, reden von vergangenen Zeiten und Erlebnissen, Schicksalsschlägen, Krankheiten, Politik, aber auch von den positiven Seiten des Lebens. Einige bekannte und unbekannte Witze durchkreuzen die Gespräche. Stammtisch, wie er sein muss.

Fast alle sind bereits bei der zweiten alkoholfreien Halbe angekommen, das ist das Zeichen für den baldigen Aufbruch. Ich verspreche, künftig öfter anzutreten, auch wenn ich über meine Zeit noch nicht so frei verfügen kann wie die meisten meiner wiedergewonnenen Brüder.

»Prost, bis bald, habe die Ehre.«

Ausgestattet mit Regenschirm gehe ich auf Autosuche, werde fündig, trolle mich gen Süden, erreiche das Einfahrtstor vor Zapfenstreich, durchkrieche meinen Vorzeltsack und liege bald in meinem Bett. Gute Nacht.

Von: Joerg Eschenbach
Gesendet: Freitag, 3. Juli 2009 22:14
An: Rivercamper-Fans
Betreff: Kugelblitz

Hallo, liebe furchtlose Freunde,
gestern geschah gar Fürchterliches!

Auf meinem abendlichen Weg Richtung Rivercamp musste ich mitansehen, wie sich ein grauenhaftes Gewitter über den Münchner Süden hermachte. Und während sorgenvolle Mutmaßungen über den Zustand meiner Wohnanlage meinen Schädel durchblitzten, schlug ein ausgewachsener Blitz, angeblich sogar ein Kugelblitz, in den Biergarten *Maria Einsiedel*, direkt neben dem Campinggelände ein. Ein Biertrinker fiel von seiner Bierbank. Die Ursache freilich ist zumindest unklar. Vielleicht lag es ja an der Anzahl der Maßen, oder es war nur der Schreck wegen des laut peitschenden

Donnerschlags, oder der Ärger über den Blitz, der in seinem Maßkrug herumsauste und sein schönes Münchner Bier verdampfen ließ.

Sicher wars kein Bayer, der Biertrinker. Die bayerischen Biertrinker stehen nämlich in einem bayerischen Biergarten beim Trinken bayerischen Biers unter bayerisch-königlich-himmlischem Schutz. Wahrscheinlich wars ein Preiß (vielleicht ein japanischer), wahrscheinlich sogar einer mit Lederhose. Welch ein Gefährdungspotenzial! Stellt Euch vor, du sitzt da gemütlich vor deiner wunderschönen Maß Bier im Biergarten unter einer echten bayerischen Kastanie, und dann sitzt da so ein Preiß am Nebentisch, und du weißt das gar nicht. Und du ahnst gar nicht, welcher Gefahr du da urplötzlich ausgesetzt bist, wegen dem Preißen, dem Blitzpreißen. Unvorstellbar. Die Preißen sollten halt im Sommer nur drinnen sitzen dürfen. Bayerische Biergärten den Bayern, den Echten, zefix. Da kannst ja gleich narrisch wern, da kunnst ja glei no oane tringa (da könnten Sie sofort noch einen Liter Bier trinken).

Und dann musste ich mit meinen 300 Pferdestärken um die Ecke reiten, und was seh ich da. Mein Vorzelt lag völlig zerfetzt in einem größeren vom Gewitter vorübergehend angelegten Süßwassersee. Da muaßt glei no oane tringa, zefix, Preißnzelt, depperts.

Das Bier ist weg, das Vorzelt steht wieder.

Ich wünsche Euch ein schönes Wochenende und: Passt auf, wo Ihr Euch hinsetzt.

Grüße vom Survival-Experten Jörg

Von: Joerg Eschenbach
Gesendet: Sonntag, 5. Juli 2005 11:05
An: Rivercamper-Fans
Betreff: Regenwasser im Hirn

Hallo, liebe Sonnenanbeter und Freunde der rauen bayerischen Wasserwildnis,

auch an diesem Sommerwochenende findet der Sommer irgendwo anders statt. Hier in den Bergen jedenfalls ist es eher herbstlich kühl oder leicht winterlich. Die Liegestühle stellt man besser rund um den gut eingeheizten Kachelofen. Statt nach Südsee-Cocktail riecht es nach heißem Tee. Aber wen interessiert das schon, hier geht es inzwischen um viel Wesentlicheres, Fundamentales, um Großes, Globales.

Nun ungestüm zur Sache:

Ja Herrschaft, ja lüg ich denn, ja so was hätte es früher nicht gegeben. Was heißt hier diskriminierend. Was glaubt Ihr denn, wer sich auf meine schaurige Gewitterbeschreibung vom Freitag als Erster gemeldet hat? Was? Ja, der Leser K. aus der Hansestadt Hamburg. Er hätte schließlich auch schon in München gelebt. Und jetzt hat er nach München geschrieben. Das hätte es früher sicher nicht gegeben. Und statt dass der K. sich mit seinem 0,3 Liter homöopathischen Tropfen Flensburger ruhig unter seinen, das Nordlicht abhaltenden Sonnenschirm gesetzt hätte, nein, er meldet sich und muss die nicht wegzudenkende Gefahr in Münchens Biergärten auch noch kommentieren, wo in so einen Maßkrug drei so Flensburger reinpassen. Ach was, so ein Preißnbier in einem bayerischen Maßkrug, welche abscheuliche Vorstellung. Ja hab ich denn einen Vogel. Ist mir das Regenwasser schon ins Hirn gelaufen. Fließt denn die Isar schon bergwärts und ich hab es noch gar nicht gemerkt. Was? HERRSCHAFTSZEITEN!

Und ich sei ein Schwab, wo ich doch so was überhaupt noch nie nicht gewesen bin. Nur weil ich in Stuttgart geboren bin, echt unangemessen und ganz und gar gegen meinen Willen. Aber du wirst ja nicht gefragt. Und jetzt so was.

Seitdem die CSU in Bayern nicht mehr allein regiert, haben wir dieses Mistwetter. Jetzt scheint die Sonne plötzlich im Norden Deutschlands. Das ist doch in hohem Maße lächerlich, wie wenn die dort schon mal geschienen hätte. Und überhaupt. Diese ganzen Fremden hier auf diesem Münchner Campingplatz. Du verstehst dich ja selber nimmer.

Net amol auf der Toaletten hast dai Ruah. Da sprechens in aller Herrgottsfrüh scho Italienisch. Thalkirchen den Münchnern. Wer zahlt denn schließlich die ganzen Steuern, ha? Na also. Sollen doch die Münchner in Thalkirchen ihre Zelte und Wohnwagen aufstellen. Einem Fremden kannst des sowieso net zumuten. Diesen Freizeit-Schandfleck, diese traurige Freiluftveranstaltung mit ihren im Stile des sozialistischen Realismus erbauten Ver- und Entsorgungseinrichtungen, den 22 Stunden ungereinigten Sanitäranlagen und dem Null-Sterne-Currywurstrestaurant. Gehts her, Münchner, schauts Euch Euren fremdenfeindlichen Gästesammelplatz doch mal an. Zefix! Jetzt donnerts scho wieder. Des is der Franz-Josef (Strauß), gewiss.

Der Regen setzt mir zu. Also nichts für ungut.

Habe die Ehre! Euer Schorsch

Olympisches Wettessen

Montag, 6. Juli 2009 – Ich bin wieder zurück im Rivercamp und hatte wieder schlimmste Befürchtungen, doch alles ist standhaft geblieben, erstaunlicherweise. Das reparierte Vorzelt steht noch. Die Feuchtigkeit hat jedoch nicht abgenommen. Die Nachbarn aus Niederbayern und aus Neuseeland sind über alle Berge oder sonst wohin geflohen. Lauter neue Gesichter. Mal sehen, wie die geputzt und rasiert werden.

Heute Abend geht es mir gut, ich bin von Ursel und Heinz zum Grillen, genauer ausgedrückt, zum Aufessen von Gegrilltem, eingeladen. Der Ort der Handlung ist das Olympische Dorf, in einem Haus, in dem Andrea und ich unsere erste gemeinsame Wohnung hatten.

Aus Zeitnot, vielleicht aber auch aus kurzsichtiger Bequemlichkeit, benutze ich statt der U-Bahn mein eigenes Auto und handle mir damit zwei bedeutende Nachteile ein. Erstens: Thalkirchner Zapfenstreich um 22 Uhr, und zweitens: das Promille-Limit.

Aber ich bin pünktlich, so bleibt mir auf jeden Fall genügend Zeit, um reichlich Lammsteaks, Rinderfilets und Thüringer Würste zu genießen. Außer mir sind noch Freunde aus der Nachbarschaft eingeladen. So gibt es auch heute wieder viel Gelegenheit, um in den guten alten Zeiten zu schwelgen und über das Älterwerden zu reden.

Wir lachen über allerlei Falten, über das nachlassende Hör- und Sehvermögen und erteilen uns fachmännischen Rat für die besten medizinischen Adressen und Behandlungsmethoden.

Heinz kam übrigens gerade von einer sechswöchigen Indien-Reise zurück, Dagmar trainiert auf den nächsten Münchner Halbmarathon, Lothar trainiert täglich ein bis zwei Stunden auf seinem Mountain-Bike, Evi und Ursel stürmen seit Jahren die oberbayrischen Almen, und ich bin sowieso noch nicht so alt.

Nachdem ich vorzüglich gespeist und wenig getrunken habe, mache ich mich gerade noch rechtzeitig wieder auf den Weg, nur so aus Torschlusspanik.

Keine bayerische Milch

Dienstag, 7. Juli 2009 – Auch heute bleibt es feucht, kühl und regnerisch. Für die Mittagspause habe ich mir vorgenommen, einen Lebensmittelladen zu suchen, um meine zur Neige gehenden Vorräte zumindest mit einigen überlebensnotwendigen Mitteln wieder aufzufüllen. In angemessen zu Fuß erreichbarer Entfernung von unserem Zamdorfer Büro gibt es nichts zu kaufen, ich weiß überhaupt nicht, wo man hier Lebensmittel besorgen kann. Auch mein Navigationsgerät kann mir nicht weiterhelfen, so muss ich mich auf Glück oder Instinkt verlassen und beginne meine Irrfahrt durch den Münchner Osten.

Die ersten Leuchtschilder, die Lebensmittel-Assoziationen wecken, kündigen Super-Discount-Niveau an. Die Assoziation heißt nun: große günstige Mengen unbekannter Herkunft in halb geöffneten Pappkartons unfreundlich aufgestapelt. Das wollte ich eigentlich nicht, also fahre ich weiter, einige größere Straßen entlang, Blick links, Blick rechts, sichtbehindert durch heftigen Regen, bedrängt durch hinter mir dicht auffahrende, möglicherweise ortskundige Ureinwohner. Aber außer weiteren Alles-muss-sofort-raus-Läden kann ich nichts finden. Mit Blick auf den Kilometerzähler und auf meine Uhr zwinge ich mich, meine Suche einzustellen und einen dieser seelenlosen Märkte anzusteuern.

Die Einkaufswagen stehen im Freien, das heißt im Regen; die sonst übliche Überdachung ist dem für das Umsetzen von Sparmaßnahmen verantwortlichen Rotstift zum Opfer gefallen. Natürlich kann ich das erforderliche Ein-Euro-Stück nicht finden und muss zum Geldwechseln erst einmal an die Kasse. Die befindet sich direkt hinter der Ausgangstüre, die ich von außen nicht öffnen kann. Also benütze ich die Eingangstüre und muss mangels direktem Zugang zur Kasse erst einmal hundert Meter durch die mit Einkaufswagen verstellten Warengänge eilen. An der einzigen geöffneten Kasse steht dann die befürchtete Schlange der Zahlungswilligen, bestehend aus den Sachbearbeitern und Sachwaltern der umliegenden Büros, die hier zum Stillen ihres Mittagshungers drei Artikel mit je fünfhundert Kalorien für dreiachtzig erstehen wollen, und aus einer repräsentativen Auswahl der nicht arbeitenden Bevölkerung. Deren Einkaufswagen biegen sich unter der Last von Waren, die ausschließlich unter dem Gesichtspunkt Special Offer oder Gratis zusammengestellt sind.

Geht mich ja nichts an, ich will doch nur aus einem Zwei-Euro-Stück zwei Ein-Euro-Stücke machen. Dazu muss ich mich wohl nicht anstellen.

»Sorry, dürfte ich mal durch? Ich möchte nur zwei Euro wechseln.«

»Entschuldigung, könnten Sie so freundlich sein und mich zur Kasse durchgehen lassen? Tut mir leid, ich muss nur kurz Geld wechseln.«

»Dürfte ich bitte an Ihrem Einkaufswagen vorbei?«

»Herzlichen Dank.«

»Danke.«

Keiner sagt etwas, aber immerhin erreiche ich die Kasse ohne größere Blessuren und erhalte dann nach angemessener Wartezeit meine Ein-Euro-Stücke. Wieder draußen im Regen, rüttle ich einen der verkeilten Einkaufswagen aus der Einkaufswagenkette und beginne meine Lebensmittel-Suchtour im supergünstigen Einkaufsparadies.

Auf meiner virtuellen Einkaufsliste stehen nur noch Artikel der Priorität 1: Wasser zum Teekochen, Butter, Milch, Joghurt, Bananen.

Die Sache mit den Bananen ist gleich erledigt, supergrün, vielleicht kann man aus den Dingern ja Salat machen, aber essen kann ich die nicht, also keine Bananen.

Wasser in Literflaschen aus Kunststoff, 6 Stück zu einem Paket verschweißt, eigentlich völlig unsinnig, Wasser kommt in Bayern entweder aus dem Wasserhahn oder aus dem Bach direkt vom Berg, aber mein mit der Gießkanne in den Vorratsbehälter des Campers geschüttetes Campingplatzwasser möchte ich nicht zum Teetrinken verwenden. Das Wasserpaket landet daher als gesundheitliche Vorsichtsmaßnahme in meinem Einkaufswagen.

Wo ist die Butter? Mehrmaliges Auf und Ab an der Kühltheke. Keine Butter aus Bayern? Ich verzichte. Dann lieber keine Butter.

Einige Meter weiter rechts unter einer nervend blinkenden Energiespar-Leuchtstoffröhre finde ich Milch, wie üblich in kunststoffüberzogene Pappe gehüllt. Lange muss ich danach suchen, wo sie ihren Ursprung hat. Bei einskommafünf Dioptrien ohne Brille unter Höchstanstrengung gerade noch lesbar:

Abgefüllt in Köln. Was soll denn das? So etwas kaufe ich nicht. Diese Milch war 577 Kilometer auf der Autobahn unterwegs, stand wahrscheinlich stundenlang in verschiedenen Staus, erst auf der A3 und dann auf der A9 und dann noch auf Münchens Stadtstraßen. So ein Schwachsinn. Gibt es denn in Bayern keine Kühe mehr, die gemolken werden können. Oder wer säuft denn die bayerische Milch? Wird die vielleicht in der Rückfracht mitgenommen? Morgens die Milch von Köln nach München, abends die Milch aus Bayern für Köln. Spinnt ihr eigentlich alle?

Ich schiebe meinen spärlich beladenen Einkaufswagen frustriert Richtung Kasse, stelle mich in die immer noch lange Schlange und verlasse nach reichlich Wartezeit das Paradies mit der Überzeugung, dass ich nie wiederkommen werde.

Nach getaner Arbeit kehre ich am Abend in mein Camp zurück. In direkter Nachbarschaft bemüht sich gerade ein neu eingetroffenes Camper-Paar, seinen nagelneuen Dethleffs-Camper rückwärts auf ein Parkgrundstück zu bugsieren. Das Zugfahrzeug, ein wunderschöner Audi, steht so nah an einem der zur Abtrennung der einzelnen Abstellflächen fest im Boden verankerten Holzgeländer, dass bereits deutliche Konturveränderungen an der Karosserie erkennbar sind. Der Mann sitzt am Steuer und bezichtigt seine Frau der Falscheinweisung. Die Frau steht hinter dem Gespann, den Tränen nah, und weiß nicht mehr weiter.

Jetzt ist mein Moment gekommen, meine Gelegenheit für die tägliche gute Tat. Ich biete meine technische Hilfe an. Fachmännisch greife ich ein: Entkuppeln, gemeinsam in Position schieben, Anweisungen für den Fahrer, wie er sein Auto aus dem Griff des Geländers befreit. Kein Problem, gern, ist doch klar. An der Schadensbegutachtung beteilige ich mich nicht, auch unternehme ich keine Schlichtungsversuche. Ich mache mich aus dem Staub, den die beiden nun aufzuwirbeln beginnen.

Eine sich nun hoffentlich auftuende Regenlücke will ich unbedingt für einen Trainingslauf nutzen. Sicherheitshalber bekleide ich mich regenresistent und nehme in Kauf, dass dann die Schweißabgabe etwas heftiger ausfallen wird. Besser schwitzen als viele Kilometer tropfnass heimwärts eilen. Danach lassen sich in vier Minuten Körpersalze und Flüssigkeiten problemlos wieder abduschen.

Die Regenlücke ist da. Ich stecke meine Füße in meine Cross-Laufschuhe und verlasse rundum professionell bekleidet erst meinen Camper, dann das Vorzelt und wenig später die befestigten Wege des Campingplatzes. Inzwischen habe ich mir schon Grundkenntnisse über das Wegenetz des Umlands angeeignet, sodass ich keine Sorge habe, irgendwo im Dschungel des Münchner Südens verloren zu gehen, bzw. zu laufen.

Die Isar überquere ich über das Fußgängergeschoss der Großhesseloher Bahnbrücke; auf dem östlichen Hochufer laufe ich Richtung München zurück. Der Weg führt direkt am Biergarten Menterschwaige vorbei, den ich mangels trockener Gelegenheiten immer noch nicht aufgesucht habe. Am Nachmittag haben hier einige Sommerherbeitrinker bereits einige Maß Bier geleert und die zweite oder dritte nicht ganz ausgetrunken, jedenfalls stehen hier unzählige Noagerl herum, möglicherweise mit bayerischem Himmelstropfen verfeinert. Noagerl zu einer Maß zusammenschütten gehört sicher nicht zu meinen Handlungsmustern, aber für eine frische Maß bei Sonnenschein könnte ich mir natürlich rein theoretisch vorstellen, meinen Lauf hier zu unterbrechen oder zu beenden.

Während ich so über den Sinn und Unsinn einer Maß Bier nachdenke, überhole ich den ersten, heute sichtbaren Läufer, bekleidet mit einem grünen T-Shirt, das von einer Fünfer Postleitzahl geziert wird. Und während ich nun darüber nachdenke, wer und was hier so alles herumläuft, fährt mir ein genialer Gedanke durch den Kopf. Ich werde Gummilaufstiefel erfinden oder vielleicht Laufgummistiefel. So denke ich also über Laufgummis nach und erreiche von außen trocken geblieben wieder meine Behausung. Noch während ich meine Schuhe ausziehe, übergießt der nächste Regenschauer den Münchner Süden. Zur Reinigung ziehe ich jedoch die bewährte Warmwasser-Variante vor.

Schlafsack im Besprechungszimmer

Mittwoch, 8. Juli – Ich höre die Rufe kanadischer Graugänse. Bin ich im Urlaub? Bin ich mit Andrea tatsächlich zum Campen an den Emerald Lake in den Rocky Mountains gereist? Es ist eiskalt. Liegt Schnee auf dem Zeltdach?

Ich öffne die Augen, nein, ich lasse mich nicht täuschen. Kein Urlaub. Keine Rockies. Natürlich bin ich im Rivercamp in Thalkirchen. Ein kurzer Blick auf meinen Funkwecker veranlasst mich zur Berechnung der schier unlösbaren morgendlichen Dreisatzaufgabe: Der Wecker zeigt 4:52. Soll-Aufstehzeit 5:00. Wie lange kann ich noch schlafen?

Rein mathematisch gesehen ergeben sich nach einminütiger Denkpause sieben Minuten. Und hier zeigt sich bereits am frühen Morgen der Unterschied zwischen Theorie und Praxis. Rein praktisch gesehen kann ich nämlich gar nicht mehr schlafen. Die morgendliche Kälte und die kommunikativen Gänse schaffen kein Wiedereinschlaf-Ambiente.

So stehe ich also auf, schalte die Heizung ein, steige in meine kalten, noch nassen Badeschlappen und wate durch das eiskalte taunasse Gras Richtung Waschhaus. Weit und breit ist kein Elch zu sehen. Auch sonst scheint kein Tier aus dem benachbarten Münchner Zoo entlaufen zu sein. In der riesigen Zeltstadt sind keine Lebenszeichen zu erkennen.

Heute steht mir eine größere Rundfahrt durch Deutschland bevor, und ich bin bereits in Eile. Der beschleunigten, jedoch vollständigen Morgenwäsche folgt ein beschleunigtes minimalistisches Frühstück rechts, mit parallel ausgeführtem Bekleidungs- und Koffer-Packvorgang links. Da ich heute per Flugzeug abreise und morgen per Bahn zurückkommen werde, habe ich geplant, die Zwischenetappen per Taxi zu überwinden. Das verschlossene Eingangstor kann mich daher heute nicht erschrecken.

»Hallo, guten Morgen, zum Flughafen bitte.«

Ich steige ein. Dieses Taxi ist der staatlich gewünschten Verschrottung nur deshalb entgangen, weil der Fahrer das amtliche Formular für den Empfang der Abwrackprämie nicht lesen und ausfüllen konnte.

»Sind Sie eigentlich Herr Eschenbach?«

»Ja, wieso? Haben Sie schon von mir gehört?«

»Ja, das Taxi war für Eschenbach bestellt.«

»Wir sind schon vier Kilometer gefahren, hätte ich jetzt wieder aussteigen müssen?«

»Nein, natürlich nicht. Die Fahrt dauert circa 35 Minuten.«

Und jetzt unterläuft mir ein entscheidender Fehler: »Letzte Woche habe ich nur 25 Minuten gebraucht.«

Das hätte ich nicht sagen sollen. Der nun geweckte Taxifahrer-Ehrgeiz drückt sofort aufs Gaspedal. An einer roten Ampel müsse er anhalten, sagt er. Ja hoffentlich, denke ich.

Meinen Koffer konnte ich heute übrigens nicht zum großen Tor ziehen, wegen des Rollgeräusches. Aus Rücksicht auf die noch schlafenden Urlauber habe ich ihn getragen. Warum gibt es eigentlich keine Rollkoffer, die man guten Gewissens morgens um 6:00 durch einen Campground ziehen kann, ohne bei den hier friedlich Schlafenden den Eindruck zu erwecken, sie hätten die Nacht am Flughafen oder am Bahnhof verbracht? Müssen diese Kofferräder immer so einen nervtötenden Sound abgeben? Kann mal bitte jemand einen Koffer mit Flüsterrädern erfinden? Soll ich vielleicht nur aus Lärmminderungsgründen mit Rucksack aufbrechen? Die Idee wäre eigentlich gar nicht so schlecht. Warum denn nicht? Auf jeden Fall wäre ein Rucksack dem Campingplatz-Ambiente durchaus angemessen, und rückenschonend sowieso.

Ich packe in meinen Rucksack einen Schlafsack, eine Isoliermatte, einen Gaskocher und einen Becher. Bei einer der im Normalfall immer langweiliger werdenden Besprechungen hole ich dann einfach meinen Schlafsack aus dem Rucksack und isoliere mich, natürlich völlig unbemerkt, vom Rest der Teilnehmer, auf meiner Isomatte in eine Ecke des Besprechungszimmers. Dort liege ich dann urgemütlich im Anzug im Schlafsack auf der Matte.

Der Taxifahrer meint es ernst, er will unter 25 Minuten bleiben. Hätte ich nur den Mund gehalten. Der Diesel dreht schon auf 4500 Touren, im unteren roten Bereich. Die Kiste macht tatsächlich 200, sogar bei einer Geschwindigkeitsbeschränkung auf 130. Auf meinem Flensburger Konto hätte ich für diese Punkte zurzeit keinen Platz mehr.

Rechts vor uns ein Auto mit aufgeklebtem Elch. Der Klebeelch bringt mich gedanklich zurück in meinen Besprechungszimmer-Schlafsack. Zeit effizient nutzen. Gaskocher aufbauen. Tee aufstellen. Genüsslich lautlos schlürfen. Die dritte Powerpoint-Präsentation, Folie 543: Best-case-Szenario, signifikantes Umsatzwachstum, Profit-Vervielfachung, alle Mitarbeiter outgesourct, Superbonus. Zeit für ein kleines Nickerchen.

Der Taxifahrer war vor seiner Reinkarnation als Mensch sicherlich ein Hase, Haken schlagend, immer auf der Flucht. Die von Daimler vorsichtshalber eingebauten Warnanzeigen leuchten hellrot. Das Fahrzeug rüttelt sich und schüttelt sich. Ruck zuck sind wir sind am Flughafen. Er hat es geschafft. 6:27 Uhr. Das waren nur 24 Minuten.

Ich bin viel zu früh aufgestanden, wegen der kanadischen Graugänse. Und ich bin viel zu schnell hierher gefahren worden, wegen meiner Fünfundzwanzig-Minuten-Angabe. Jetzt habe ich reichlich Zeit für ein zweites Frühstück.

Man sollte nicht Zeitung lesen, schon gar nicht am frühen Morgen. Das würde das tägliche Leben ganz erheblich erleichtern. Beim Flughafen-Frühstückscappuccino für fünf Euro inklusive Trinkgeld kann ich es trotzdem nicht lassen. Die schöne große *Süddeutsche* hat zwar auf dem kleinen Designertischchen neben der großen Cappuccino-Tasse keinen rechten Platz, aber in Teilen genossen geht es dann doch.

»Millionen Asseln im deutschen Trinkwasser.«

Iiiiih. Und das, wo ich diese Woche alkoholfrei bleiben wollte. Ich sag es ja schon immer, du kannst das Wasser nicht saufen. Pfui Teufel, igitt. Stell dir vor, du trinkst gerade Cappuccino und dann beißt dich aus dem Cino heraus so ein Ding in die Zunge. Ja, mehr brauchts net. Grausig.

»Arbeitslosigkeit senkt die Zahl der Autounfälle.«

»Sex schützt vor Parasiten.«

Alles *Süddeutsche Zeitung*, Seite 16.

Ich sage es ja schon immer, das Beste ist, man bleibt zu Hause. Kein Autounfall, kein Arbeitsunfall und häuslicher Friede.

Aber Vorsicht: »Ökonomische Krisen steigern die Zahl der Suizide und Morde«. Und: »Ackern in Deutschland, lohnt sich das noch?« *Süddeutsche*, Forum, Seite 31.

Was soll das denn wieder heißen? Klar, am besten, man bleibt zu Hause und hat geerbt, also keine ökonomische Krise. Das spart der Allgemeinheit einen Haufen Geld. Man braucht keine Arbeitslosenunterstützung, Hartz IV oder so. Die Krankenkasse muss nicht zahlen und die Unfallversicherung auch nicht. Man braucht kein Auto und keinen Treibstoff, man stört noch nicht einmal die Arbeitswütigen bei ihrer morgendlichen Fahrt ins Büro. Anzahl und Länge der Staus auf deutschen Autobahnen würden deutlich abnehmen. Definitiv, es wäre viel besser, in Deutschland würden weniger Leute arbeiten. Auch die Fehlerquote wäre viel geringer.

Mein Rat an alle: Freunde, Leute, bleibt zu Hause. Wenn Ihr schon nicht auf Eure Frau/Euren Mann hört, dann doch wenigstens auf mich.

Nasse Nadelstreifen

Ich bin ohne weitere Zwischenfälle in Köln gelandet. Eine weitere Taxifahrt, diesmal ohne Angstzustände und ohne Gesundheitsgefährdung. Besprechung in Köln, alles ohne Rucksack. Am späten Nachmittag geht es weiter nach Stuttgart, per ICE der Deutschen Bundesbahn.

Auf der Suche nach einer noch nicht gelesenen Tageszeitung betrete ich einen Bücher-Store im Kölner Bahnhofs-Einkaufscenter. Ich erinnere mich an den von einem ehemaligen Kollegen getätigten Vertragsabschluss für den Umbau dieses Bahnhofs. Er war zuerst so stolz und hatte dann so wenig Freude damit. Jetzt ist er Hochschulprofessor und unterrichtet die noch Unwissenden, wie man die Dinge besser macht. Statt Zeitung finde ich ein Buch. Erfahrungsbericht eines ausgestiegenen Managers.

Ich stehe an der Kasse, um zu zahlen, hinter mir eine nette Damenstimme: »Jemand hat seine Bahncard verloren.« Ich drehe mich um und blicke mir am Boden liegend unverkennbar ins Gesicht. First Class am Boden.

»Ja, ich, herzlichen Dank!«

Ich wende mich wieder der kassierenden Verkäuferin zu und bezahle mein Buch, das sie noch in Händen hält.

»Danke, tschüss.«

Nach Verlassen des Bücher-Stores bewege ich mich schon mal in Richtung Bahnsteig. Der Wagen mit dem für mich reservierten Sitzplatz wird außerhalb des überdachten Bahnsteigbereiches halten. Dort stehe ich, warte und lasse mich von den vereinzelt niederfallenden Regentropfen nicht erschrecken.

»Wo ist eigentlich mein Ticket?«

Der Aktentaschencheck ergibt klar und deutlich, ich habe gar kein Ticket, nur einen Buchungscode für den Automaten. Mir bleiben noch exakt fünf Minuten für die Suche eines solchen, für die Dateneingabe, die erfolgreiche Ticket-Entgegennahme und die Rückkehr zur Außenposition auf dem Deutschen-Bundesbahnsteig. Ohne zusätzliche Wartezeit besteige ich nach getätigter Ticket-Arbeit den eingefahrenen Inter-City-Express, Wagen 27.

Der für mich reservierte Sitzplatz ist besetzt. Ein nach fehlenden Deutschkenntnissen und kargen Englischkenntnissen aussehender Japaner hat dort mit seiner Frau Platz genommen. Ich versuche es erst gar nicht, will ihre Reiseruhe nicht stören und suche mir einen anderen Platz, reserviert für irgendeinen anderen Mitreisenden, keine Ahnung, wo immer der sich jetzt befindet. Hoffentlich sitzt er im Board-Restaurant.

294 Kilometer liegen vor mir, ich sitze im Waggon und reise rückwärts. Der Versuch, einen Blick in mein neu erworbenes Buch zu werfen, wird jäh durch die Erkenntnis beendet, dass

ich es nirgends finden kann. Ich muss es wohl vergessen haben. Zuletzt hielt es die Buchhändlerin in der Hand.

Ich sitze also 294 Kilometer im Zug und habe weder Zeitung noch Buch und damit ausreichend Zeit, um mich auf den bevorstehenden Tagesordnungspunkt mental einzustellen. Fernseh-Interview in Stuttgart. Vor einigen Tagen bekam ich den Anruf eines Reporters vom Südwestrundfunk. Ich sei doch als Chef des größten Straßenbauunternehmens von Baden-Württemberg sicher ein ausgewiesener Experte für Methoden zur Verkürzung der Bauzeit von Autobahn-Baustellen und damit ein Experte zur Vermeidung von Staus. Er hätte in letzter Zeit bereits einige Zitate von mir in verschiedenen Zeitungen und Zeitschriften gelesen.

Ob ich bereits als Experte zu bezeichnen bin, möge dahingestellt bleiben. Aber einige Erklärungen kann ich sicher zum Besten geben, ebenso wie meine eigene Meinung, alles unzensiert.

Ich sage zu. Der Reporter will mich vor laufender Kamera am Hauptbahnhof in Stuttgart abholen. Die Details hierzu will er mir noch via Telefon mitteilen. So sitze ich also im Zug, habe entgegen meinen eigenen Regeln mein Mobiltelefon nicht abgestellt und warte auf den instruktiven Anruf.

Leider fragt mich kein freundlicher Zugbegleiter nach meinen Hunger- und Durstgefühlen, so mache ich mich selbst auf Richtung Board-Restaurant, um ein Fläschchen Mineralwasser zu erwerben. Bei einer Geschwindigkeit von 295 km/h erinnert mich meine Fortbewegung an einen Gang bei schwerer See vom Vorsegel nach Achtern. Auf dem Rückweg von der Kombüse trifft uns eine heftige Welle auf Backbord. Mein Körper schwankt nach links, ich muss mich am Fensterholm abstützen, dabei gleitet mir die Mineralwasserflasche aus der Hand und fällt einem Nadelstreifen-Herrn in den Schoß. Der

Herr zuckt erschrocken zusammen. Das Fläschchen entleert sich, ich wage nicht, dem Herrn zwischen die Beine zu greifen, er handelt verzögert, die Hose ist schon nass.

»Es tut mir wirklich leid, wie kann ich das wiedergutmachen?«, entschuldige ich mich.

Kurz durchzuckt mich dabei ein Gedanke: Vielleicht ist er ja inkontinent und die Nadelstreifenhose war schon vor dem Flaschenfall nass. Er antwortet überraschend trocken: »Der Schaden ist nicht messbar. Schließen Sie mich in Ihr Nachtgebet ein und kaufen Sie bitte kein weiteres Mineralwasser.«

Für ein Fernseh-Interview wäre er heute nicht mehr verwendbar. Ich schwanke peinlich berührt davon. Irgendwo zwischen Frankfurt und Mannheim klingelt mein Telefon.

»Hallo, Herr Eschenbach. Wir können Sie leider nicht mit laufender Kamera empfangen. Wir haben von der Deutschen Bahn keine Dreherlaubnis für den Stuttgarter Hauptbahnhof bekommen.«

»Wieso? Hat die Bahn Bedenken, mein Zug könnte Verspätung haben, und ich würde dann in negativer Weise dazu Stellung nehmen?«

»Ich weiß es nicht, vielleicht war unsere Anfrage einfach nur zu kurzfristig. Ich hole Sie auf jeden Fall ab. Als Erkennungszeichen werde ich eine SWR-Tafel in der Hand halten. Unser Kamerawagen steht vor dem Bahnhof bereit. Wir fahren dann an die Autobahn Stuttgart-München. Den Drehort haben wir schon ausgekundschaftet.«

»Gut, dann bis gleich. Der Zug wird pünktlich sein.«

Interview im Wort-Stau

Tatsächlich treffe ich pünktlich auf die Minute in Stuttgart ein. Der SWR-Reporter ist dank Schild sofort gefunden.

»Guten Tag, Herr Eschenbach. Hatten Sie eine gute Anreise? Wieso fahren Sie als professioneller Straßenbauer eigentlich mit der Bahn?«

»Läuft die Tonaufzeichnung schon?«

»Nein, keine Sorge, keine versteckten Mikrofone.«

»Ich mache mir keine Sorgen. Die Antwort wäre ohnehin die gleiche. Die Wahrscheinlichkeit, auf deutschen Straßen in einen zeit- und nervenfressenden Stau zu geraten, ist mir viel zu hoch. Ganz ehrlich, auf der deutschen Mittelstrecke gibt es kein komfortableres und zuverlässigeres Verkehrsmittel als die Bahn. Bei der Bahn wird die Pünktlichkeit in Minuten gemessen, die Luftfahrtgesellschaften rechnen einen bestimmten Grad an Verspätung bereits in ihren Flugplan ein, und mit dem Auto weiß sowieso keiner, wann er ankommt. Und Sie wollten mich doch pünktlich treffen, oder? Womit wir schon beim Thema wären. Was wollen Sie mich eigentlich nachher vor laufender Kamera fragen?«

»Das können wir jetzt dann gleich während unserer Fahrt zum Drehort besprechen.«

Tatsächlich, das SWR-Fahrzeug inklusive Kameramann, Kameraassistentin und Regieassistentin steht schon bereit. Höflicherweise hat man mir den Beifahrersitz überlassen, die Fernsehcrew zwängt sich zwischen Kameras, Taschen und Stative auf die Rückbank. Die Crew stellt sich kurz vor, sie hat heute schon drei Drehs gemacht, ich sei der letzte. Wir fahren Richtung Drehort an der Autobahn.

»Herr Eschenbach, warum dauern eigentlich Autobahn-Baustellen immer so lange?«

»Das frage ich mich auch oft. Natürlich hat das verschiedene Ursachen: Erstens ist der Auftraggeber, das ist bei uns die öffentliche Hand, nur sehr selten bereit, für eine beschleunigte Abwicklung etwas mehr Geld auszugeben. Bei der wirtschaftlichen Betrachtung werden die extrem hohen Staukosten nicht berücksichtigt. Und zweitens wird sowohl vom Auftraggeber als auch vom Auftragnehmer nur circa ein Viertel der während einer Woche zu Verfügung stehenden Zeit tatsächlich für die Projektabwicklung genutzt. In fast allen Fällen wird nur im Einschichtbetrieb gearbeitet.«

»In einer Automobilzeitschrift habe ich gelesen, dass Sie in Ihrem Unternehmen Methoden entwickelt haben, mit denen Sie, ähnlich wie bei der Fahrzeugindustrie, Ihre produktiven Prozesse wesentlich verbessern und beschleunigen wollen. Wenden Sie diese Methoden auch auf Ihren Autobahnbaustellen an?«

»Ja, das stimmt. Seit etwa zwei Jahren befassen wir uns intensiv mit diesen Themen, aber hier liegt noch ein weiter und steiniger Weg vor uns. Auf einigen unserer Autobahnbaustellen konnten wir erhebliche Leistungssteigerungen erzielen und damit tatsächlich auch die Bauzeit verkürzen, zugunsten aller Beteiligten und Betroffenen.«

So plaudern wir während der Fahrt weiter, kein Stau hält uns auf, zügig erreichen wir den Drehort, eine im Zuge einer Baumaßnahme kürzlich fertiggestellte Böschung an der Autobahn Stuttgart - Böblingen, erdig und steil. Der Kameramann nimmt direkt hinter der Schutzplanke Aufstellung, auch der mir zugwiesene Soll-Standort befindet sich wenige Zentimeter neben der Schutzplanke, maximal zwei Meter von den vorbeidröhnenden Rädern der lückenlosen Brummi-Kette entfernt. Hier würde ich mich freiwillig niemals aufhalten.

»So, wir können anfangen, blicken Sie bitte nicht direkt in die Kamera, ich werde Sie zuerst vorstellen und Ihnen dann ein paar Fragen stellen, so ähnlich wie vorher während der Fahrt.«

Der Kameramann hat seine gnadenlose Waffe bereits auf mein Gesicht gerichtet, ab jetzt ist jede beabsichtigte und unbeabsichtigte Gesichtsbewegung aufgepixelt. Sein Assistent reckt das Mikrofon an einer Teleskopstange aufgepflanzt in Richtung meiner Tonabgabestelle.

»Sound-Check. Bitte sagen Sie mal was.«

»Mir verschlägt es die Sprache. Ein Interview am Rande einer extrem befahrenen Autobahn ist echt gefährlich.«

»Okay, danke, Ton passt. Wir können loslegen.«

Acht Team-Augen sind auf mich gerichtet, das Objektivrohr blickt in mein Gesicht wie ein Rieseninsekt, die Kamera hat mich hochaufgelöst, vorbeirasende Autofahrer werfen ihre Sekundenblicke auf uns. Ich fühle mich nicht wohl hier.

Aufnahme!

»Herr Eschenbach, Sie sind Chef des größten Straßenbau-Unternehmens in Baden-Württemberg. Welche Maßnahmen sind aus Ihrer Sicht erforderlich, um Staus auf deutschen Autobahnen deutlich zu reduzieren?«

»Zuerst sind politische Entscheidungen herbeizuführen. Es gibt viele Möglichkeiten zur Staureduzierung. Unsere Regierungen müssen jedoch entsprechende Maßnahmen beschließen und die Auswirkungen von Staus gesamtwirtschaftlich betrachten. Den Mehrkosten in Höhe von zehn bis fünfzehn Prozent für die beschleunigte Abwicklung von Baustellen stehen erhebliche Einsparungen durch die Reduzierung von Kraftstoffverbrauch und durch die Vermeidung von Wartezeiten gegenüber. Dazu kommt eine beträchtliche Verringerung des Schadstoffausstoßes sowie ein stark vermindertes Unfallrisiko. Der deutsche Autofahrer ärgert sich zwar, wenn er im Stau steht, das war's dann aber auch. Politischer Druck entsteht hier nicht. Unsere Autos sind offensichtlich zu bequem, die Radiosendungen zu unterhaltsam, die meisten Autofahrer verdienen auch Geld, wenn Sie nur tatenlos im Stau rumstehen.«

»Stopp, Herr Eschenbach der Anfang war gar nicht schlecht, aber das mit den bequemen Autos können Sie so nicht sagen.«

»Stimmt aber. Okay, also noch mal von vorn.«

»Herr Eschenbach, Sie sind Vorstand der F. Kirchhoff AG. Ihr Unternehmen ist im Straßenbau die Nummer Eins in Baden-Württemberg. Wie Sie selbst sagen, sind Autobahnstaus auch für Bauunternehmen ein kostspieliges Hindernis. Welche Maßnahmen sind Ihrer Meinung nach zur Stauvermeidung erforderlich.«

»In Deutschland wird zu viel transportiert und zu viel herumgefahren. Offensichtlich ist Transportieren und Autofahren immer noch zu billig. Wir exportieren großzügig Arbeitsplätze in andere Länder, die das Wort Sozialgesetzgebung und Umweltschutz nicht kennen. Die dort wesentlich günstiger hergestellten Waren transportieren wir dann auf den zum Erstaunen aller zu eng bemessenen Verkehrswegen quer durch unser Land. Hierfür gibt es unendlich viele, völlig unsinnige Beispiele: Wasser aus Frankreich und Italien wird nach Deutschland gefahren, Schweine zum Schlachten quer durch Europa, Obst per Flugzeug aus anderen Kontinenten geholt und per Lkw verteilt, Shrimps im Norden gefangen, im Süden gepult, irgendwo anders verpackt und wieder woanders gegessen, Autos werden aus Teilen zusammengesetzt, die von unzähligen, auf dem gesamten Globus verteilten Lieferanten hergestellt werden. Die Lager sind nicht mehr am Produktionsstandort, sondern auf der Straße. Das können unsere Straßen nicht leisten. Das scheint uns Deutsche aber nicht sonderlich zu beeindrucken. Hauptsache: Geiz ist geil. Zu wessen Lasten diese Geilheit geht, ist doch egal. Wir fahren herum, verbrennen Erdöl, einen der wesentlichen Rohstoffe unserer Erde, erzeugen unvorstellbare Mengen an Schadstoffen, tragen damit wahrscheinlich ganz wesentlich zur allgemeinen Klimaerwärmung bei und denken nicht darüber nach, dass nachfolgende Generationen auch noch auf unserem Planeten leben wollen.«

»Herr Eschenbach, Sie fordern globale Maßnahmen. Aber was kann hier in Baden-Württemberg konkret geschehen?«

»Wir sollten nicht so tun, als ob wir global nichts erreichen können. Um uns vernünftig zu verhalten, benötigen wir weder Beschlüsse aus Brüssel noch von der UN-Vollversammlung. Jeder Einzelne kann täglich einen wesentlichen Beitrag leisten. Warum muss jemand, der im Süden Deutschlands lebt, Milch aus dem Norden trinken oder Wasser aus Italien. Diese unnötigen Transporte verstopfen unsere Straßen. Aber nun zu Baden-Württemberg: Wir brauchen klare politische Entscheidungen, dass die Bauzeiten für Sanierungen oder Umbauten auf hoch belasteten Autobahnen und Knotenpunkten drastisch zu verkürzen sind. Die relativ geringen Mehrkosten wiegen die gigantischen Staukosten bei Weitem auf. Aber das habe ich doch schon alles gesagt.«

»Stopp, stopp. Wir können Ihre Aussagen nicht zusammenschneiden. Also bitte noch mal von vorn.«

»Herr Eschenbach, Sie sind Chef von Kirchhoff und gelten als Experte in Sachen Stauvermeidung. Was muss Ihrer Meinung getan werden?«

»Also das mit dem Stauexperten lassen wir mal bitte weg, sonst werde ich ab morgen von Autofahrern angerufen, wo sie welchen Stau am besten vermeiden können.«

»Gut, noch mal von vorn.«

»Herr Eschenbach, Sie sind Chef der F. Kirchhoff AG, dem größten Straßenbau-Unternehmen in Baden-Württemberg. Was muss Ihrer Meinung nach getan werden, um Staus künftig wesentlich zu reduzieren.«

Eigentlich will ich jetzt sagen: »Aber das haben Sie doch jetzt schon vier Mal gefragt.« Ich bremse mich jedoch rechtzeitig ein. Mein Fernsehteam versteht jetzt gerade keinen Spaß mehr. Also hole ich noch mal Luft und setze erneut an:

»Im Prinzip gibt es drei Handlungsschwerpunkte: Erstens: das Verhalten des Autofahrers. Zweitens: Entscheidungen auf der Ebene der Politik und der Verwaltung, und drittens die Bereitschaft der Unternehmen der Bauindustrie..

Nun der Reihe nach. Eine Autobahn-Baustelle hat in fast allen Fällen eine Leistungsreduzierung der Autobahn zu Folge. Dies muss nicht immer zu einem Stau führen. Was aber immer zu erheblichen Staus führt, sind Unfälle im Baustellenbereich. Unfälle sind fast immer von Autofahren verursacht, die entweder den notwendigen Sicherheitsabstand nicht einhalten und dann nicht rechtzeitig bremsen können oder die mit Fahrzeugen kollidieren, die sie mit überhöhter Geschwindigkeit überholen. Ich kann nicht nachvollziehen, wieso man bei einer Geschwindigkeitsbegrenzung von 80 km/h und einer extrem schmalen Fahrspur im Baustellenbereich Lkws überholen muss, die sowieso alle schneller fahren als 80. Bei der kleinsten Unachtsamkeit eines Lkw-Fahrers oder vielleicht auch nur bei der Entgegennahme eines Telefongesprächs schwenkt der Lkw leicht über seine Spur. Und schon ist kein Platz mehr für den Pkw. Ich nenne das Autobahn-Roulette auf Leben und Tod. Warum schaltet der Deutsche sein Sicherheitsbewusstsein im Auto so oft ab? Für mich wäre die logische Konsequenz: Überholverbot im

Bereich von Baustellen. Und schon hätten wir drastisch weniger Staus auf deutschen Autobahnen.

Die Politik, und damit meine ich unsere Regierung, muss Staus gesamtwirtschaftlich betrachten und sich von ihrem sturen Haushaltsdenken verabschieden. Mehrkosten aus Maßnahmen zur Stauverkürzung werden sich im Saldo meistens rechnen. Hier muss aber auch die Verwaltung eingebunden sein. Man kann nicht mit sogenannten Reformen funktionierende Verwaltungen zerschlagen, erhebliche Personalreduzierungen vornehmen, die Verwaltungsprozesse nicht optimieren und dann erwarten, dass diese Verwaltungen dann Autobahnbaustellen im Tag-, Nacht- und Wochenendbetrieb überwachen und steuern. Denn eine der wesentlichen Maßnahmen zur Verkürzung von Bauzeiten und damit zur Reduzierung der Staugefahr ist die Verlängerung der täglichen Arbeitszeit, zum Beispiel beginnend morgens um fünf bis abends um zehn. Das heißt Zweischicht-Betrieb und muss natürlich auch von der Industrie mitgetragen werden.«

»Herr Eschenbach, Sie fordern also eine Verlängerung der Arbeitszeiten, was sagen denn die Gewerkschaftsvertreter dazu?«

So spielen wir wenige Zentimeter von der intensiv befahrenen Autobahn entfernt noch länger ein Frage- und Antwort-Spiel. Und irgendwann ist sowohl der Kameramann als auch der Redakteur entweder zufrieden oder von meinen Antworten so genervt, dass der Dreh für beendet erklärt wird. Noch heute Abend soll ich in irgendeiner Nachrichtensendung für ein paar Sekunden zu sehen sein.

Das Team bringt mich zurück in die Stuttgarter Innenstadt, und ich checke im Zeppelin-Hotel gegenüber dem Hauptbahnhof ein. Vor dem geplanten Abendessen mit

Geschäftspartnern bleibt mir noch eine Pause für einen Lauf im großen Schlossgarten-Areal. Der Schlossgarten ist ein riesiger Park mitten in Stuttgart, der sich vom Hauptbahnhof bis zum Neckar erstreckt. Während meines Laufes sehe ich das erste Mal in meinem Leben einen Eisvogel. Zuerst zweifle ich daran, dass er echt ist, und denke ernsthaft, dieser bunte Vogel sei von einem spielenden Kind dort vergessen worden. Doch dann fliegt der Eisvogel auf. Ein echter Eisvogel mitten in Stuttgart. Ich bin begeistert.

Interview im Fahrzeug-Stau

Donnerstag, 9. Juli – Aufwachprozess. Wieso sehe ich die Türme der Münchner Frauenkirche? Schlafe ich noch? Oder sind das die Abgastürme des Heizkraftwerks Süd? Wo bin ich überhaupt? Man kann doch von meinem Camper aus das Heizkraftwerk gar nicht sehen. Augen auf. Richtig auf. Ach ja, ich liege in einem Hotelzimmer eines Stuttgarter Hotels. Und die Türme? Die kenne ich nicht. Ich erhebe mich von meiner Bettstatt. Reibe mir die Augen, kann jetzt besser sehen, trete an das geschlossene Fenster, niemand winkt mir zu. Ich blicke erneut in Richtung Türme. Nun, mit scharf geriebenem Blick, ordne ich die Türme, die ich nun auf Schornsteinniveau herabgestuft habe, der Landesbank Baden-Württemberg zu, die hier neben dem Hauptbahnhof ein großes Bürogebäude aufgestellt hat. Die Schornsteine werden dort bestimmt benutzt, um das Geld fleißiger schwäbischer Bürger hinauszublasen.

Nach der üblichen morgendlichen Routine mache ich mich auf Richtung Hotel-Breakfast. Ich brauche einige Zeit, um alles einzusammeln, was ich für mein eher bescheidenes

Frühstück unbedingt haben zu müssen glaube. Schließlich sitze ich vor dem mir zugeordneten steif gebügelten Tischchen, das nun so vollgeräumt ist, dass ich die Stuttgarter Zeitung nicht innerhalb meiner Sichtweite unterbringen kann. So beschränke ich mich eben aufs Nachdenken.

Was hat so ein Hotel doch für riesige Nachteile gegenüber meinem Wohnwagen. Erst wache ich verwirrt auf, weil das Kopfkissen zu groß ist und die Vögel nicht zwitschern. Die Füße sind kalt, weil die Decke zu kurz ist. Mein Rücken schmerzt, weil die Matratze durchgelegen oder zu hart oder zu weich oder, noch viel schlimmer, mit einer Inkontinenzauflage belegt ist. Und dann dieser Lärm und Gestank vor dem schall- und geruchsdicht verschlossenen Fenster.

Die Aussicht könnte schrecklicher nicht sein: Schornsteine statt grüner Äste von grünen Bäumen, und das schon kurz nach dem ersten Augenöffnen. Um zum Frühstück zu gelangen, muss ich einen Aufzug oder aber das wenig attraktive Feuerfluchttreppenhaus benutzen. Dann die Früh-Demenz-Prüfungsfrage, die ich so oft nicht beantworten kann:

»Welche Zimmernummer haben Sie?«

»Ja, wann denn? Keine Ahnung. Jeden Tag eine andere.«

Ohne Zimmernummer kein Frühstück. Statt Zimmernummer hilft manchmal auch mein Name. So auch heute. Aber es bleibt anspruchsvoll. Platzsuche. Zu so früher Stunde bin ich fast allein. Welcher Tisch ist der Beste? Nur Vierertische. Entscheidungsdruck am Morgen: Soll ich den angewiesenen Tisch akzeptieren? Das internationale Buffet ist einen halben Werst entfernt, vom Brot zum Tee sind es dann nochmals 50 Schritt. Den Tee muss ich mir dann auch noch selbst zubereiten. Wo bleibt der teuer bezahlte Service? Nichts in Sichtweite. Hier ist nur Frühstücks-Supermarkt. Nach mehreren Besorgungsgängen sieht mein Hotel-Frühstück immer noch nicht so gut aus wie mein Camper-Frühstück. Ich kann einfach keine Vorteile erkennen.

Nach Erledigung aller weiteren morgendlichen Hotel-Routinen verlasse ich mit meinem Koffer-Zögling die Herberge und mache mich im gegenüberliegenden Bahnhofsgebäude auf die Suche nach dem für mich vorreservierten Mietwagen. Reichlich grüne Leuchtreklame leitet mich zum richtigen Autovermieter; das Büro ist tatsächlich früh am Morgen schon geöffnet, und weil grün, sicher umweltschonend.

»Guten Morgen, ich hätte gern ein Auto.«

»Guten Morgen und willkommen bei Europcar. Können Sie mir bitte Ihre Reservierungsnummer geben und mir Ihren Namen verraten.«

»Nummer weiß ich nicht, aber meinen Namen schon. Hier ist mein Führerschein.«

»Ah, für Sie habe ich ein sehr schönes Fahrzeug. Ein Traum-Cabrio, einen Chrysler Sebring.«

»Was haben Sie für mich, ein Cabrio? Freut mich, dass Sie mir eine Freude machen wollen, aber ich bin nicht auf einem Wochenendtrip, ich hätte gern ein ganz normales Mittelklasseauto, so wie bestellt.«

»Tut mir leid, kann ich Ihnen nicht geben.«

»Dann eine Nummer kleiner, einen Golf oder irgend so was.«

»Auch das kann ich Ihnen nicht geben, ein Mercedes-Sportcoupé wäre noch da.«

»Nein, nein, nein. Ein normales Auto, ich habe einen Termin auf einer Baustelle, außerdem soll ich ein Fernseh-Interview geben; wenn mich jemand mit so einem Cabrio sieht, der hält mich ja für total bescheuert.«

»Ich sagte Ihnen ja schon, wir haben keine anderen Fahrzeuge mehr. Hier ist Ihr Schlüssel, wenn Sie bitte so freundlich sind und hier, hier, hier und hier unterschreiben.«

Ich gebe auf. So ein Mist. Ich unterschreibe da, da, da und da und nehme die Schlüssel.

In der Garage, 4. OG, Platz 428, steht es, das Chrysler Sebring Cabrio. Eine Ausgeburt der Hässlichkeit. So ein Auto habe ich noch nie gesehen. Ich bin überrascht, dass man so ein Ding in Deutschland überhaupt zulassen kann. Ich schäme mich. Ich schäme mich für das Auto. Wie kann man einem Auto so eine Karosserie zumuten. Auch ein Auto hat eine Seele. Auto, du tust mir wirklich leid. Und ich mir auch.

Sehr vorsichtig setze ich das Ding in Bewegung, außer hässlich ist dieses Fahrzeug auch noch total unübersichtlich und ohne die mehrstündige Lektüre der Betriebsanleitung, was im Halbdunkel der Garage erst gar nicht möglich ist, schwer in Gang zu bringen. Auf der Straße angekommen, spüre ich sofort die herabwürdigenden Blicke ordentlicher deutscher Autofahrer. Wie Nadelstiche treffen sie meinen Nacken und mein Gesicht. Autoakupunktur pur. Ich würde mich am liebsten unter der Fußmatte verkriechen.

Sebring und ich fahren durch Stuttgart auf die Autobahn Richtung Karlsruhe. Der Verkehrsfunk meldet bereits einen dicken Stau wegen einer Baustelle, einer unserer Baustellen, d.h. genau der Baustelle, der mein heutiger Besuch gelten soll. Ausweichen nicht möglich, nicht mit Navigationsgerät und auch nicht mit Ortskenntnissen, denn unsere Baustelle ist nur über die Autobahn zu erreichen. Also lande ich bald und unweigerlich in einem Fünf-Kilometer-Autobahnbaustellen-Stau und bin sogar noch froh, dass er heute Morgen nicht zehn Kilometer lang ist.

Rechts von mir ein Teil der Lkw-Kette, die von Sofia bis nach Lissabon reicht. Die meisten Fahrer fahren für wenige Euro für die osteuropäischen Tochterunternehmen westeuropäischer Muttergesellschaften. Dort gibt es keine deutschen Tarifverträge und auch keinen Mindestlohn. Vor Grenzübertritt sind die regulären Tanks und die Zusatztanks noch einmal mit steuergünstigem Diesel randvoll gemacht; das reicht weit über Deutschlands Grenzen hinaus. Hinter verschlossenen Laderampen befinden sich sicher reichlich Waren meiner Lieblingsgattungen. Italienisches Wasser für Norddeutschland und Holland, bayerische Milch für Schleswig-Holstein. Dreifach subventionierte Stahlbauteile aus Slowenien.

Nach einer staubedingten Verzögerung von 40 Minuten erreiche ich endlich den Parkplatz, der unserem Unternehmen als sogenannte Baustelleneinrichtungsfläche dient. Die Asphaltierungsarbeiten für die Erneuerung der Fahrbahn laufen, perfekt vorbereitet, ohne Unterbrechung seit dem frühen Morgen. Ein Filmteam der Deutschen Welle ist seit über einer Stunde aufgeregt beim Drehen und möchte unbedingt wissen, mit welchen Methoden wir die Effizienz unserer Produktion gesteigert haben.

Ich werde sehnlichst erwartet und habe bald meinen nächsten Fernsehauftritt. Heute läuft das schon routinierter, alles eine Sache der Übung. Das Filmteam nimmt sich viel Zeit und filmt unser Team und unsere Maschinen in allen Details. Natürlich wollen wir alle wissen, wann und wo wir im Fernsehen zu sehen sein werden. Wir werden vertröstet, es wird wohl noch ein paar Wochen dauern.

Gegen Abend fahren Sebring und ich nahezu staufrei nach München zurück. Das Verdeck habe ich auf der Autobahn nicht öffnen wollen, aber jetzt, in München eingetroffen, kann ich der Versuchung nicht widerstehen. Das Cabrio, und sei es auch noch so hässlich, muss jetzt Cabrio werden. Das bin ich München schuldig. Bei der ersten Tankstelle bleibe ich stehen und muss natürlich erst einmal nachdenken, wie sich das Dach öffnen lassen könnte. Ich finde ein paar Knöpfe, die ich erst der Reihe nach, dann wahllos und schließlich alle gleichzeitig bediene. Nichts rührt sich. Soll ich jetzt wirklich die Bedienungsanleitung lesen? Wie lange werde ich dafür brauchen? Lohnt sich das?

Ich entscheide mich für weitere Try-and-Error-Versuche. Und dann plötzlich: Wählhebel der Automatik auf Park, rechter Fuß auf der Bremse, Zündschlüssel in Position Start, Wählschalter für Licht auf Stand, der Fahrer, also ich, angeschnallt, alle Fenster offen und der Schalter für Dach auf *open* – das Dach öffnet sich und schnurrt langsam nach hinten und oben. In der senkrechten Position bricht der Öffnungsvorgang plötzlich ab. Nun steht der Sebring da mit einem weit in den Himmel ragenden, halb geöffneten Dach, und ich sitze mittendrin. Von Westen nähern sich schwarze Wolken. Ich versuche das Dach wieder zu schließen, nichts rührt sich.

Mein Notfallplan ist schnell entwickelt, im Fall der Fälle rücke ich Sebring rückwärts unter das Tankstellendach zum Tanken. Aber jetzt erst einmal ein Blick in die Bedienungsanleitung. Bevor ich jedoch mit dem Lesestudium beginne, kommt mir plötzlich die Erkenntnis, dass so ein Dach natürlich einen Stauraum braucht, wohin es entweichen kann. Na klar, wie Kofferdeckel fällt es mir von den Augen: Der Kofferraum ist der Stauraum, mein Koffer ist im Kofferraum, kein Stauraum für das Dach. Aber, leider, auch nach Entfernen des Koffers lässt sich das Dach nicht weiter öffnen, nach einigen weiteren Versuchen aber glücklicherweise wenigstens wieder schließen. In Anbetracht der sich weiter nähernden Wolken und ersten von dort abgesandten Tropfen, unterlasse ich weitere Cabrio-len, steige ins Auto und fahre Sebring zur Mietwagen-Rückgabestation in der Innenstadt.

Die letzte Rückkehr-Etappe lege ich in einem geschlossenen Taxi zurück. Meine Zielangabe »Campingplatz Thalkirchen« nimmt der Fahrer zunächst nicht ernst; als ich dann auch noch ergänze, ich würde dort wohnen, reagiert er absolut ungläubig. Ich erläutere geduldig meinen derzeitigen Status und kann ihn schließlich bekehren.

Als wir vor meinem Camper anhalten, ist er bereits richtig begeistert. Ich auch. Ich bin wirklich froh, wieder hier zu sein. Außer mir sind inzwischen viele neue Gäste angekommen, und der Platz ist jetzt wirklich voll. Ich zähle 97 Zelte, bewohnt mit 1 bis 5 Personen, und mindestens 300 Wohnwagengespanne bzw. Wohnmobile. Alle belagern sie das saftige Grün. Neben meiner Riverview-Villa hat sich ein riesiges hochhausartiges Wohnmobil eingeparkt, Grenzabstand 72 cm. Hoffentlich wird dort ruhig geschlafen. Sonst müsste ich mal auf die weiche Außenhaut klopfen, Verformungen nicht ausgeschlossen.

Dank ausreichendem Tageslicht und weitgehender Trockenheit gelingt mir noch eine Trainingsrunde mit dem Bergrad quer durch das Isartal. Rechtzeitig vor dem nächsten, ausgiebigen Gewitterguss erreiche ich mein Camp und lasse es Abend werden.

Im Butterstau

Freitag, 10. Juli – So, das habe ich jetzt davon. Keine Butter. Beim Discounter letzten Dienstag gab es keine lokal hergestellte, und während der letzten beiden Tage gab es keine Gelegenheit für Lebensmitteleinkäufe. Aber ich kann doch nicht allen Ernstes morgens mitten in Bayern während meines gemütlichen Frühstücks meine wunderbare Münchner Hofpfisterei Sonne (Natursauerteig-Brot, doppelt gebacken im

Holzbackofen) mit Butter aus Schleswig-Holstein beschmieren. Kann ich nicht! Will ich nicht! Mach ich nicht! Die Nordbutter war schließlich 1000 km, in Worten: eintausend Kilometer, auf deutschen Straßen unterwegs, dafür ist sie nicht gemacht. Nein, ich habe nichts gegen Bauern aus Schleswig-Holstein. Und wenn ich dort oben bin, dann will ich auch keine bayerische Butter auf dem Teller, in der mittags meine Scholle »Finkenwerder Art« herumschwimmt. Will ich nicht! Ess' ich nicht!

Dann eben keine Butter auf mein Brot. Das wird mir sicher nicht schaden. So sieht mein heutiger, erster Beitrag für den Schutz unserer Umwelt und gegen Staus auf deutschen Straßen aus. Logisch: Keine Butter auf dem Brot, kein Stau auf der Autobahn. Die Verpackungen unserer Lebensmittel sind sowieso alle unzureichend und irreführend beschriftet. Statt ein paar Mikro-Schriftzeichen auf der Verpackungsunterseite, müsste ein Beipackzettel wie bei Medikamenten mitgeliefert werden, wo wirklich draufsteht, was drin ist, und mit welchen Nebenwirkungen mit welcher Wahrscheinlichkeit zu rechnen ist. Und außen auf einer schwarz-weißen Banderole müsste in großen Ziffern die Entfernung zum Ort der Herstellung angegeben sein sowie der $C0_2$-Ausstoß pro Kilo und die Verweildauer in Staus auf unseren Autobahnen. Und noch was: Aufschriften auf Lkws wie: WIR BRINGEN, WAS SIE TÄGLICH BRAUCHEN, gehören ausnahmslos verboten und durch folgenden Text ersetzt: WIR BRINGEN TÄGLICH, WAS SIE NICHT BRAUCHEN.

Zufrieden, meinen ersten positiven Beitrag zum heutigen Tag geleistet zu haben, verlasse ich das Rivercamp und reihe mich in die morgendlichen innerstädtischen Staus Richtung Büro ein. Dann wird gearbeitet, bis die Autobahnen wieder richtig voll sind. Wochenend-Heimkehrer-Stau oder Wochenend-Urlauber-Stau. Erst droht der Stau, dann bin auch ich wieder auf meiner Wochenendheimreise Richtung Berge mittendrin.

Männer auf den Berg

In den Berchtesgadener Bergen, Samstag, 11. Juli – Normalerweise ist der Samstag der erste Wochenend-Ausschlaf-Tag, insbesondere dann, wenn das Wetter außer Nässe und Kälte nichts zu bieten hat. Aber heute ist das anders. Für dieses Wochenende sind ernsthafte Kletter-Aktivitäten geplant. Mein langjähriger Bergfreund Helmut und seine Frau Gabi sind zu nächtlicher Stunde in Augsburg gestartet und klopfen nach langer Fahrt bereits um 7.00 Uhr an die Haustür; theoretisch ist damit die Voraussetzung für einen intensiven Bergtag gegeben. Aber auch heute zeigt sich der Sommer nicht von seiner erwünschten sommerlichen Seite.

Während eines ausgiebigen Frühstücks diskutieren wir alle Möglichkeiten, müssen jedoch einsehen, dass sich der ursprüngliche Plan nicht umsetzen lässt. Der Fels ist nass und kalt, die Wettervorhersagen sind dauerhaft schlecht. Statt Klettern ist heute seilfreies Bergsteigen im Gehgelände angesagt. Andrea und Gabi verzichten auch darauf und ziehen die Talvariante vor.

Helmut und ich lassen uns noch etwas Zeit, nichts treibt uns zur Eile. Der Berg wird schon nicht weglaufen. Und das Wetter kann kaum schlechter werden.

Doch mit dem Aufbruch ist die Gemütlichkeit vorbei, jetzt wird es sportlich; wenn schon keine Klettermeter möglich sind, dann muss uns der heutige Tag wenigstens ein nachhaltiges Work-out bescheren. Die 1300 Höhenmeter auf den Steinberg, den nordöstlichen Eckpfeiler des Hochkaltermassivs, treiben uns einige Schweißtropfen durch die Funktionswäsche.

Feucht von außen und nass von innen erreichen wir nach knapp zwei Stunden den in Nebel gehüllten Gipfel. Wir schütteln uns die feuchten Hände. Berg Heil! Das war seit langer Zeit der erste gemeinsame Gipfel.

Lange harren wir dort oben aber nicht aus, es ist einfach zu ungemütlich. Den Abstieg nehmen wir über einen langen steilen Plattenschuss; der Regen ist inzwischen in heftige Regenschauer übergegangen. Schon wieder nass, aber glücklich erreichen wir hungrig und durstig die Blaueishütte. Eine kräftige Suppe und ein obligatorisches Weißbier gleichen den Salz- und Flüssigkeitshaushalt wieder aus. Wir träumen von allerlei Klettermöglichkeiten rund um die Hütte und freuen uns trotz widriger Verhältnisse, am Berg zu sein.

Nach ausgiebiger Rast rasen wir ins Tal, der Nachmittag ist dem Ruhen vorbehalten. Und dem Pläneschmieden für den Sonntag.

Outsourcing

Sonntag 12. Juli – Mein erster Blick aus dem Schlafzimmerfenster, um 6:00 Uhr früh, beseitigt alle Hoffnungen auf einen dauerhaft trockenen oder gar sonnigen Tag. Die Wettervorhersage war zutreffend. Diese frühe Erkenntnis drängt mich zum Rückzug vom kalten Fenster ins warme Bett. Nach einer ergänzenden kleinen Schlafrunde um 7:00 ein erneuter Wettercheck: Es ist zumindest nicht schlechter geworden, der Himmel bedeckt, die Gipfel in Wolken, Boden und Felsen nass, zum Klettern definitiv ungeeignet, für eine Bergwanderung jedoch durchaus im Toleranzbereich.

Ich stoße einen ersten Weckruf aus. Kurz darauf sind erste Lebenszeichen zu vernehmen. Bald folgt ein gemütliches Frühstück mit Diskussion und Festlegung des heutigen Ziels. Der Hochkalter soll es sein, mit 2607 Metern Gipfelhöhe einer der höchsten Berge im Umland. Das verspricht reichlich Auf-

und Abstiegs-Höhenmeter. Auch heute können wir Andrea und Gabi nicht von der Sinnhaftigkeit und den zu erwartenden Glückshormon-Ausschüttungen überzeugen.

Um 9:00 schließlich marschieren Helmut und ich gut gelaunt los. Auch das Wetter zeigt sich von seiner versöhnlichen Seite, sogar ein paar Sonnenstrahlen lassen sich entdecken. Wir hoffen auf eine niederschlagsfreie Besteigung.

Als Aufstiegsweg haben wir einen unmarkierten und wenig begangenen Weg gewählt. Der erste Teil des so genannten »Luchsgangs« ist leicht zu finden und führt überraschend gut gepflegt und kurzweilig durch den steilen Bergwald der nördlichen Flanke des Hochkalters. Auf schmalen Leitern und Holzstegen queren wir einige Felswände und Gräben; das macht Spaß und hebt die ohnehin schon gute Stimmung. Doch dann können wir den Abzweig zum »Schönen Fleck«, einem Sattel im nördlichen Gratverlauf, nicht finden. Einer der letzten Stürme hat hier riesige Waldflächen niedergerissen und damit wahrscheinlich auch den Wegabzweig unkenntlich gemacht. Wir bleiben stehen, vergleichen die Karte mit der Wirklichkeit, checken den Höhenmesser, gehen noch aufmerksamer wieder einige Hundert Meter zurück. Prüfen jede auch noch so unscheinbare Spur. Ich bin mir sicher, hier muss der Wegabzweig sein.

Die umgestürzten Bäume haben einen undurchdringlichen, mikadoartigen Bergdschungel geschaffen. Der Weg zum »Schönen Fleck« ist verschwunden. Schade, wir haben uns so auf diese Aufstiegsvariante gefreut. Etwas enttäuscht steigen wir auf dem »Luchsgang« weiter und müssen uns einen anderen Gipfelzustieg wählen.

Als nächste Möglichkeit bietet sich der Weg durch das Ofental an; diesen Weg hatten wir ursprünglich als Abstieg vorgesehen. Über einige mit Drahtseilen gesicherte Passagen, weitere Schluchten und Abbrüche querend, erreichen wir überraschend schnell den markierten und häufig begangenen Weg durch das Ofental. In dieses Tal wären wir auf normalen Wegen sicher einfacher und schneller gelangt, doch der »Luchsgang« war zweifelsfrei reizvoller.

Nach einer weiteren Aufstiegsstunde legen wir eine kurze Rast ein, isotonische Flüssigkeitszufuhr und Power-Riegel müssen verlorene Energie ersetzen. Links von uns eine circa 200 Meter hohe Felswand, graugelb, stark zerklüftet mit Rissen, Spalten und schachtelartig übereinanderhängenden Blöcken. Sofort suchen unsere Augen nach Durchstiegsmöglichkeiten. Hat sich hier schon einmal ein Kletterer versucht? Wir spekulieren über mögliche Erstbesteigungen und kreieren während eines alpinen Brainstormings gleich ein paar passende Routenbezeichnungen. Bis in die Siebzigerjahre des letzten Jahrhunderts, unserer gemeinsamen Kletterzeit, wurden Routen nach Felsformationen, nach Ausrichtung der Wand oder nach Art der Wegführung benannt: Direkte Nordwand, Südverschneidung, Westwandpfeiler.

Manche Routen erhielten zur Unterscheidung von benachbarten Durchstiegsmöglichkeiten auch die Namen ihrer Erstbegeher: Dülfer-Riss, Schmuck-Kamin, Micheluzzi. Dann kam die Zeit der fantasievolleren Namensgebungen: Pfingstausflug, Hans im Glück, Vollgas, Don Promillo.

Dem Sinn und Unsinn sind eben keine Grenzen gesetzt und unserer Fantasie auch nicht. So erhalten unsere unbegangenen Neutouren nun Namen aus unserer täglichen Gedankenwelt, und wir überschlagen uns förmlich in unserer Kreativität: Einstellungsgespräch, Vorstandsvorsitz, Aufsichtsratsbeschluss, Alles-Bestens, Ganz-Ehrlich, Check-In, Business-Class, Senator-Card, Präsidentensuite, Cost-Cutting, Outsourcing, Private-Equity, Return-on-Investment, Liquiditätsproblem, Bankensitzung, Pressekonferenz, Auf-Mich-Können-Sie-Vertrauen.

An Möglichkeiten zur Namensgebung fehlt es nicht. Wenn wir diese Routen tatsächlich alle erschließen wollten, wären wir sicher ein paar Wochen beschäftigt. Aber wir wollen weiter, wir wollen ganz hinauf, »der Gipfel ruft«.

Wir hängen uns den Rucksack wieder um und steigen zügig weiter. Über uns hat sich die Wolkendecke wieder geschlossen, die Wetterverschlechterung ist nicht zu übersehen. Unsere Fantasie-Routen wollen mir nicht aus dem Kopf gehen. Während wir höher steigen und uns über riesige Geröllhalden aufwärtsmühen, fantasiere ich mir einige Routenbeschreibungen zusammen.

Ich beginne mit »Vorstandsvorsitz«:

Der weglose Zugang durch Latschen und ständig wegrutschendes Geröll ist weit und mühsam. Der Einstieg dann umso freundlicher, reichlich Platz, wunderschön blühende Bergblumen, warme Sonne, erfrischendes Wasser. Die erste Seillänge verspricht griffigen, kompakten Fels, gut abgesichert. Der erste Stand bietet perfekte Standhaken, beste Aussichten, der Himmel ist blau, Enzian und Edelweiß blühen. Dann nehmen die Schwierigkeiten zu, Griffe und Tritte werden spärlicher und kleiner, aber auch die zweite Seillänge ist noch akzeptabel abgesichert. Es folgt eine geschlossene Verschneidung, der Fels drängt ab, auch die Sicherungsmöglichkeiten sind spärlich. Trotzdem haben sich mehrere Nachsteiger in mein Seil eingebunden; statt das Seil geordnet nachzugeben, habe ich jedoch den Eindruck, dass man versucht, mich nach unten zu ziehen. Dazu werden vom sicheren Standplatz aus ständig sogenannte gute Ratschläge und Hinweise gegeben. Ich habe die gewaltige 60-Meter-Verschneidung schon fast überwunden, dann ist das Seil aus. Ich muss einen Schlingenstand beziehen. Auf meinen Ruf »Stand, nachkommen«, erhalte ich keine Antwort. Die Nachsteiger haben sich einfach ausgebunden. Jeder Kletterer weiß, was das nun heißt. Jetzt bin ich solo, das Seil läuft völlig frei durch die Karabiner. Abseilen oder weiterklettern, das ist jetzt die Frage. Das Gelände über mir verheißt nichts Gutes. Dachartig überhängende Blöcke, loses Gestein. Für eine Solobegehung kommt das für mich nicht infrage. Ich entscheide mich, mittels Seilquergang zur benachbarten Route »Aufsichtsratsbeschluss« hinüberzupendeln.

»Aufsichtsratsbeschluss« besteht aus einer Serie von Rissen, die weiter oben in einen mit glatten Klemmblöcken verkeilten Kamin münden. Ich klettere weiter. Der Schulterriss verengt sich zu einem Faustriss, dann zu einem Fingerriss und ist wenige Meter unter dem Kamin völlig geschlossen. Ein Ausweichen nach links oder rechts ist nicht möglich, weil die seitlichen Wandbereiche aus kompakten grifflosen Platten bestehen. Das war zu erwarten und überrascht mich nicht wirklich. In einer Diskussion mit den ausgebundenen Nachsteigern wurde die Unüberwindbarkeit jedoch in Abrede gestellt, die Route sogar für leicht gangbar erklärt.

Ich seile mich zwei Seillängen ab und klettere über ein Felsband der »Check-In« zur »Präsidentensuite«. Diese Route ist gekennzeichnet durch eine mitten in der Wand befindliche Felsterrasse. Dort mache ich eine kleine Pause und überlege mir, wie ich unbeschadet wieder aus dieser Wand herauskomme. Ich verzichte auf eine Begehung der »Ganz-Ehrlich und Auf-Mich-Können-Sie-Vertrauen«-Variante und werfe einen Blick auf »Alles-Bestens«.

Auch diese Route macht mich misstrauisch. »Alles-Bestens« ist eine Kaminreihe, in deren Innerem es feucht und moosig aussieht; auch scheinen noch ein paar alte morsche Sicherungsholzkeile vorhanden zu sein. Am Ausstieg meine ich sogar ein Geiernest zu erkennen. Das will ich mir nicht antun. Also versuche ich über »Cost-Cutting« abzusteigen, was sich jedoch schnell als Fehlentscheidung herausstellt. Klar, die erst kürzlich eingeklebten Haken sind inzwischen alle abgesägt. Jetzt bleibt noch »Outsourcing«. Die überhängende Einstiegswand ist von unten zu klettern im 8. Schwierigkeitsgrad, die Durchsteigung dieser Wand bleibt nur wenigen Spitzensportlern vorbehalten. Ich will hier nicht hinauf, sondern hinunter und entscheide mich für einen Sprung in das darunterliegende supersteile Schneefeld. Völlig durchgeschwitzt und laut fluchend stehe ich dort im Regen und entferne den in meine Kletterschuhe eingedrungenen Altschnee.

Während meiner fantasiereichen Wanddurchsteigung sind Helmut und ich ein wesentliches Stück weiter nach oben gekommen. Leider hat es inzwischen tatsächlich leicht zu regnen begonnen.

Um zum felsigen Gipfelaufbau zu gelangen, müssen wir einige steile Schneefelder überwinden. Die Felsen sind leicht mit Neuschnee überzogen, dichte Wolken umhüllen den Berg und uns, frischer Wind trägt zum ungemütlichen Ambiente bei. Doch wir haben noch reichlich Kraftreserven und befinden uns im Endspurt. Nach viereinhalb Stunden erreichen wir den Gipfel und freuen uns, schon wieder freundschaftlich die Hände zum »Berg Heil« zu schütteln.

Das 1800 Meter unter uns liegende Tal können wir wegen des Nebels leider nicht erkennen. Auch der direkt unter uns befindliche Blaueisgletscher liegt unter dicken Nebelschwaden. Nach kurzer Pause steigen wir ab und kehren zwei Stunden später in die Blaueishütte ein. Mit Glückshormonen und je einem Weißbier angereichert, rutschen wir bei strömendem Regen, eine Abkürzung nutzend, ins Tal hinab. Es war super, auch wenn wir heute wieder nicht klettern durften.

Von: Joerg Eschenbach
Gesendet: Montag, 13. Juli 2009 22:27
An: Rivercamper-Fans
Betreff: Männer auf der Wacht

Liebe Freunde aus nah und fern,
ich bin wieder zurück, Euer Rivercamper, nicht nur neuerdings immer auf der Wacht. Ob sich was tut? Klar, täglich gibt es Neuigkeiten. Aber da ist noch etwas nachzutragen. Letzte Woche, Freitag, schon während meines ersten Ganges zur Wellness-Oase, sozusagen am frühesten Morgen, noch lange vor Toröffnung, da sah ich einige tiptop Angezogene Richtung Ausgang gehen, Männer mit Krawatte. Was soll denn das? Hier im Rivercamp bin ich doch der einzige Krawattenträger.

Später, als ich mich aufmachte, um das Camp mit meinem Auto zu verlassen, war da eine weitere Gruppe im Versammlungsvorgang zu sehen. Alle mit Namensschild ausgestattet und mit einer gut lesbaren Aufschrift: Erwachet! (Welch ein logischer Fehler. Wer schläft, kann nicht lesen. Wer das lesen kann, ist bereits erwacht.) Die letzte Nacht stand ich also unter einem besonderen Bewachungs-Status der Wachtturm-Gesellschaft. Und ich wusste gar nichts davon. Immerhin, die Wächter könnten, wenn es nötig wäre, bei Jehova sicher bezeugen, dass ich hier übernachtet habe. Die entgangene Chance einer stundenlangen Unterhaltung über den Sinn meines Lebens und Strebens schmerzt mich schon sehr. Aber das war letzte Woche. Heute sehe ich keine Wacht an der Isar mehr.

Vor der Rückkehr ins Camp musste ich eine kleine Einkaufssession in der City durchziehen. Bereits die innerstädtische Parkplatzsuche nötigte mir viel Geduld und Geschicklichkeit ab. Mehrere der von mir angesteuerten Garagen waren nämlich voll; schließlich musste ich den noch freien Platz eines Dauerparkers in Anspruch nehmen. Eine Notparkung aus Parknot, der Dauerparker möge Verständnis haben.

Mein erstes Ziel galt der Beschaffung eines weiteren noch unbeschriebenen Tagebuchs, für die zu erwartenden Erlebnisse und Geschehnisse der nächsten Wochen. Vorsichtshalber nahm ich mir gleich zwei der wunderschönen Moleskin-Bücher aus dem Regal.

An der Kasse musste ich dann eine echte Ewigkeit auf den Entschuldungsvorgang warten, weil so eine Kundin, eine Dame mittleren Alters, ich würde mal sagen, die erste Halbzeit geht in Kürze zu Ende, hier in diesem großen innerstädtischen Spezial-Schreibwaren-und-Büroartikel-Geschäft zehn kleine Briefmarken zu je 55 Cent käuflich zu erwerben wünschte. Der Verkäufer verneinte zunächst, konnte sich jedoch kulanterweise dann doch dazu durchringen, zehn nicht zum Verkauf vorgesehene Briefmarken auf den Tisch zu legen. Mangels Bargeld überreichte die Briefmarkenkäuferin im Gegenzug ihre Bankkarte, was weitere Diskussionen auslöste. »Briefmarken kaufen in einem Laden, der keine Briefmarken verkauft, und dann noch mit einer Bankkarte zahlen, da müssen Sie schon Verständnis haben, das geht nicht.«

Unbeeindruckt und unbeirrt beharrt die Dame auf dem von ihr angebotenen Zahlungsmittel. Mangels erkennbarer Alternative musste der Verkäufer akzeptieren, was er nicht wollte. Der Automat kam ihm zu Hilfe und weigert sich kategorisch. »Zahlungsvorgang abgelehnt«.

Ob die Dame ganz einfach blank war? Der Verkäufer wähnte sich vom Schicksal erlöst. Aber nun kam der Kreditkarten-Joker aus den Tiefen der Handtasche zum Vorschein. Der Verkäufer zuckte und brachte sein fehlendes

Entzücken gestenreich zum Ausdruck. »Nein, diese Briefmarken können Sie nicht mit Kreditkarte zahlen.«

Sofort schob die Briefmarkenkäuferin ihr griffoffenes Dekolleté in den Nahfokus-Bereich der Verkäufer-Augen. Diesen Vorschub konnte ich nicht zweifelsfrei interpretieren. Ich konnte dort keinen Geldschein entdecken. Ob der Verkäufer nun aus Bedrohung oder Beeindruckung handelte, entzieht sich meiner Beurteilungskraft. Jedenfalls akzeptierte er unerwartet die Kreditkarte als alternatives Zahlungsmittel. Gedankt sei dem noch ausreichenden Kreditrahmen, es funktionierte. Der Briefmarkendeal konnte abgeschlossen werden.

Jetzt durfte ich zahlen, bar, ganz profan, mit Krawatte statt Dekolleté.

Die nächste Einkaufsaktivität galt der Auffüllung meiner Nahrungsvorräte. Gut ausgerüstet für die nächsten Tage fuhr ich schließlich ins Camp.

Dort gibt es nicht viel Neues. Das Vorzelt steht noch, vom Himmel tröpfeln ein paar Tropfen, mein Hausmaulwurf hat den Wintergarten wieder ein wenig umgegraben. Rund um meine Hütte sind Feuer entfacht, Rauchzeichen in allen erdenklichen Sprachen werden in den Thalkirchner Himmel entsandt, der Duft von Würsten aller möglichen Verbrennungsgrade wabert über dem Camp und in die Camper hinein.

Immerhin, es ist Sommer und meine Solarheizung funktioniert wieder einwandfrei, Außentemperatur 28 Grad, innen 38 Grad, alles Celsius. Und die Kühlschranktemperatur steigt wieder. Aber das kenne ich ja schon, das hatten wir doch schon mal vor vier Wochen.

So viel zur Vorgeschichte des heutigen Abends. Jetzt aber wird es wirklich ernst, liebe Freunde.

Den Macho-Männern unter Euch empfehle ich den sofortigen Abbruch der Lektüre. Am besten Ihr setzt Euch vor einen Fernseher, lasst Euch von Eurer Frau oder Freundin ein Bier bringen, den Fernseher einschalten und den Zapper in die Hand drücken. Tschüss, bis morgen.

Auch die schwäbischen Hausfrauen unter Euch möchte ich vor dem Weiterlesen warnen, Ihr könntet ernsthaften seelischen Schaden nehmen, die Psyche könnte durch die folgenden Schilderungen schwer belastet werden. Trotz Haftpflichtversicherung muss ich jegliche Schadensersatzansprüche ausnahmslos zurückweisen.

So, liebe Freunde der wilden, unbezähmbaren Outdoorzunft, Ihr wenigen noch übrig gebliebenen Leser, Ihr vermeintlich vollständig emanzipierten Männer: Heute Abend war PUTZTAG. DER MONATSPUTZ. Alles fing so an: ungespültes Geschirr der letzten Woche in die mittelgraublaue quadratische Plastikwanne, passend zu meinem mittelblauen, etwas verwaschenen Berlin-Marathon-Finisher-T-Shirt, ein paar Tropfen Tempo-Extra-Geschirrspülmittel auf das gelbe Vileda-Schwammtuch. Um ein neuerliches Schaumbad von vornherein zu vermeiden, benütze ich das Spülmittel diesmal sehr sparsam und zähle fünf Tropfen. Dann noch ein paar Warmwassertoken in die Kurzehosentasche, und auf geht's zur öffentlichen Spültheke.

Dort steht so ein armer widerspruchsloser Befehlsempfänger und spült bereits das Abendgeschirr.

»Guten Abend, good evening«, sage ich, ohne jeglichen Sarkasmus. Darüberhinaus entwickelt sich jedoch kein tieferes Gespräch.

Also gehe ich ans Werk. Vorspülen mit kaltem Wasser, abreiben mit Schwammtuch. Warmwassertoken in den Automaten. Einmal in vier Wochen sollte man auch das Geschirr warm spülen, angeblich aus hygienischen Gründen. Alles Ansichtssache.

Ich erinnere mich an mein studentisches Junggesellendasein; auch damals hatte ich viel zu viel Geschirr. Ein Messer, eine Gabel, ein Löffel oder am besten überhaupt nur ein richtig dickes Schweizermesser, eine Tasse und ein Brett, sind völlig ausreichend, sonst muss man nur eimerweise Geschirr spülen. Ach ja, der Token, der fällt unten wieder raus. Neuer Versuch, gleiches Ergebnis. Das muss ich mir genauer ansehen: Ist der Automat kaputt, oder bin ich heute wieder einmal unaufmerksam oder gar unfähig? Aha, heute sind 50 Cent gefragt, kein Token, tja, in der Dusche ist es umgekehrt. Es bleibt beim Kaltwasser-Spülvorgang.

Zurück in meiner Villa: Küchenzeile säubern, Wohn-Ess-Schlafzimmer abstauben, Boden wischen, liebevoll frisch gebügelte Hemden in den Schrank, Lebensmittel in den Kühlschrank, Mülltüte einhängen (den Müll hatte ich bereits letzten Freitag entsorgt!), Frischwasser auffüllen, Schuhe putzen, Abendessen zubereiten, Gartentisch in eine nutzbare Position. Das funktioniert jedoch nicht richtig. Der Maulwurfboden ist eben zu uneben, das Radischneiden und Weißbierabstellen verträgt sich nicht mit diesem Wackeltisch. Die Freitreppe meines Campers eignet sich zumindest für das Abstellen des Weißbierglases wesentlich besser, allerdings verbunden mit der Gefahr des unachtsamen Darauftretens. Heute jedoch kein Missgeschick, ich bleibe aufmerksam, kein Tritt ins Glas und auch nicht dagegen.

Am Wochenende war übrigens Bergsport angesagt, reichlich Höhenmeter mit meinem Freund Helmut. Für sportliche Aktivitäten bin ich deshalb heute viel zu faul, und wenn es nicht dunkel geworden wäre, würde ich sowieso noch putzen.

Und jetzt spüle ich den ganzen Putzstaub mit meiner letzten Schneider Weissen (alkoholfrei) runter.

Es grüßt Euch aus dem Rivercamp

Euer Saubermann und Rivercamper Jörg

Von: Joerg Eschenbach
Gesendet: Dienstag, 14. Juli 2009 22:34
An: Rivercamper-Fans
Betreff: Hirn-Klick

Liebe Urlaubsherbeiwünscher,
ich bin da, wo andere schon Urlaub machen. Wenn Ihr jetzt hierher ins Rivercamp kommen wolltet, wäre nichts mehr frei. Kurz: Wir sind total ausgebucht.

Heute Morgen musste ich das Camp wieder einmal früh verlassen. Um zehn hatte ich nördlich von Stuttgart einen weiteren Fernsehauftritt zum Thema Stauvermeidung auf deutschen Autobahnen. Nahezu staufrei erreichte ich pünktlich den vereinbarten Treffpunkt am Weinsberger Kreuz, eine hoch belastete Kreuzung der Autobahnen A6 und A81, den Radiohörern gut bekannt durch die halbstündigen Verkehrsmeldungen auf allen Sendern.

Erster Drehort ist eine Brücke über die A6. Unter uns auf der Richtungsfahrbahn Nürnberg – Heidelberg das Ende eines zehn Kilometer langen Staus. Für die betroffenen Autoinsassen bedeutet das zwei Stunden Verzögerung, die Geschwindigkeit entspricht der eines Fußgängers. Heute will der Südwestrundfunk Rheinland-Pfalz wissen, welche Möglichkeiten es gibt, diese baustellenbedingten Staus zu vermeiden oder zu verkürzen.

Das Interview findet dann aber nicht hier auf der Brücke statt, sondern auf einem gesperrten Fahrstreifen direkt vor den aufgestauten Fahrzeugen. Die Konzentration auf die einfachen Fragen fällt mir schwer, ich habe berechtigte Sorge, von einem der berechtigt total verärgerten Lkw-Fahrer nicht nur mit üblen Worten, sondern auch mit Gegenständen beworfen zu werden. Es bleibt bei den Worten; diese fallen durchaus deftig aus: Warum baut ihr Vollidioten nicht weiter? Scheißkrawattenträger, wir stehen seit Stunden im Stau, und ihr lasst Euch filmen. Fuck off.

Ohne körperlichen und mit nur geringem seelischen Schaden überstehe ich auch diese Aktion und flüchte in unser Stuttgarter Büro.

Nach dieser ausgiebigen süddeutschen Rundfahrt und nach stundenlangen Staus auf den Gegenfahrbahnen und vor laufender Kamera traf ich am Abend etwas müde wieder in Thalkirchen ein.

In Anbetracht der notwendigen Regeneration – da ist auch immer noch ein klein wenig bergbedingter Muskelkater – wählte ich heute eine kleine Radausfahrt mit Biergartenbesuch.

Angekommen im Jazzbiergarten in Großhesselohe war ich nicht nur allein unter Tausenden von Biersüchtigen, sondern musste auch feststellen, dass ich kein Fahrradschloss mitgenommen hatte. Da ich das Rad nach Löschen meines Durstes nicht für den Rest meines Lebens vermissen und auch das Risiko eines Fußmarsches zurück ins Camp vermeiden wollte, blieb mir nur eine Variante: Rückfahrt ohne vorherigen Biergenuss.

Die am Weg liegende Waldschänke ignorierte ich und war bald zurück im Rivercamp. Das Fahrradschloss war schnell gefunden, ich hatte es auf meinem Campingtisch bereitgelegt.

Zweiter Versuch. Mit Schloss bewaffnet kehrte ich an den Ort des bierigen Verlangens zurück. Der Durst hatte bereits deutlich zugenommen. Ich stellte mein Rad an einen gerade frei gewordenen Stahlrohrrahmen, nahm das Schloss aus der Rückentasche meines Trikots, fädelte das Sicherheitskabel durch Fahrrad und Stahlrahmen. Klick. Im Moment des Klickens klickte es auch in einer meiner Hirnhälften. Ich hatte den Schlüssel nicht mitgenommen. Binnen eines Sekundenbruchteils hatte sich meine Lage dramatisch verschlechtert.

Jetzt war guter Rat gefragt. Gedanklich checke ich alle Alternativen: große Zange, sprich Seitenschneider, ausleihen und Sicherheitskabel durchtrennen. Doch wie will ich beweisen, dass es sich hier um mein eigenes Bergrad handelt? Rückfahrt per Taxi und das Rad mit dem eigenen Auto abholen? Extrem unsportlich, außerdem kann ich dann wegen der Promillegrenze kein Bier trinken.

Jetzt gemütlich Bier trinken, anschließend ins Camp wandern und per Taxi zurückkommen? So kann ich mein Bier nicht in Ruhe genießen, ständig müsste ich an mein blödes Schloss denken. Außerdem müsste ich mit Radschuhen circa fünf Kilometer zu Fuß gehen.

Mir wollte keine akzeptable Lösung einfallen. Schließlich wählte ich die Variante mit dem größten Strafmaß: Rückweg ins Camp im leichten Laufschritt. Schlüsselabholung. Schuhwechsel von Radschuh in Laufschuh. Wechselkleidung, Radschuhe und Fahrradbeleuchtung in kleinen Radrucksack. Rückkehr in den Biergarten im leichten Laufschritt.

Glückliche, verschwitzte Ankunft. Kleiderwechsel. Schlüsselcheck. Alles passte. Nur der Durst war nun ins Unermessliche gestiegen.

Nach der ersten Einsamkeitsmaß, einer Portion Obatzdn und zwei frischen Brezn ging es mir rein körperlich betrachtet wieder deutlich besser. Nach so viel ungewollter Anstrengung und nach so viel Ärgernis konnte ich nicht umhin, mir eine zweite Maß abzuholen. Dann kam noch eine frisch gedruckte Abendzeitung vorbei, die ich sofort käuflich erwarb. In Kürze wusste ich alle Neuigkeiten des morgigen Tages. Das nennt man Wissensvorsprung. Und trotzdem, so ein Single-Biergartenbesuch entspricht nicht meiner Vorstellung von Biergartengemütlichkeit. Das ist deutlich unvollständig, man fühlt sich so ausgegrenzt, so problembehaftet. Flucht ins Bier. In diesen Schubladen sehe ich mich nicht. Und da will ich auch gar nicht hin.

Die sportliche Betätigung einerseits und die Bierzufuhr andererseits wirkten sich auf mein Wach-Befinden aus. Die verbliebene Vernunft trieb mich zur Heimkehr. Dank Eigenbeleuchtung konnte ich die öffentlichen Straßen meiden und erreichte über Feld-Wald-Wiesen-Wege das Rivercamp.

Nun sitze ich an meinem Camper-Schreibtisch. Der Wetterdienst hat schwere Unwetter angekündigt. Noch ist nichts zu hören außer den italienischen Nachbarbambini. Aber der Sommer kommt bestimmt, auf Hawaii, auf den Seychellen, auf den Malediven, in der Karibik oder auf den Fidschis. Also hört doch endlich einmal auf zu jammern. Ab in den Flieger und weg in den Sommer. Oder wollt Ihr wirklich hier zusammen mit Schweden, Dänen, Briten, Grönländern, Spitzbergenern und Nordpolern Sommer spielen?

Ganz trockene Grüße
Euer Nochnichttrockenflusscamper Jörg

Sommersound

Mittwoch, 15. Juli – Keine Besonderheiten, keine Neuigkeiten. Um 6.00 Uhr aufgewacht wegen des Geprassels auf dem Dach. Einen Wecker braucht man während dieses Sommers tatsächlich nicht, zumindest dann nicht, wenn man wie ich in einem Wohnanhänger schläft.

Die Regengüsse setzen sich fort. Es regnet unüberhörbar, unablässig, ungeheuerlich. Dieses Sommerwetter ist kein Sommermärchen, sondern ein Sommerungeheuer ungeheuerlichen Ausmaßes, geradezu ungeheuerlich unglaublich. Auf das Dach meiner Caravan-Villa prallen sekündlich Tausende von dicken, fetten Tropfen und erzeugen einen ganz besonderen Sound, den diesjährigen Sommersound.

Vielleicht sollte ich meine Villa am Fluss umtaufen in Neverdry-Ranch. Namen machen Wohnambiente. Die Entwicklung des Wetters ließe sich dadurch jedoch sicherlich nicht beeinflussen. Aber mir geht es gut. Ich habe zwar ein lautes, aber dafür festes Dach über dem Kopf.

Die Bewohner der textilen Behausungen muss ich echt bedauern. Aus der Not heraus entwickeln sie ganz besondere Überlebenstaktiken. Bei meinem Gang zur Vier-Minuten-Dusche kann ich zwei Motorradfahrer unbekannten Geschlechts beobachten, wie sie sich in ihrer steifen Regenmontur mit aufgestülptem Vollintegralhelm aus ihrem tropfnassen Minileichtzelt herauswinden wie Schmetterlinge aus ihrem Kokon.

Als ich auf dem Rückweg vom Duschgenuss bin, sind die tropfnassen Polyester-Zeltbahnen in einen der Motorradkoffer gestopft, die Lenzpumpen wären automatisch angesprungen, wenn sie denn montiert wären. Zwei Radfahrerinnen verstauen soeben ihre Nomadenausrüstung und ihren pudelnassen Labrador auf einem Fahrradanhänger. Auch das scheint mir nicht erstrebenswert.

Ich freue mich auf meine trockene Fahrt in mein trockenes Büro.

Meine Mutter

Graz, Donnerstag, 16. Juli 2009 – Heute bin ich unterwegs nach Graz, in die Landeshauptstadt der Steiermark. Dort lebten am Ruckerlberg vor vielen Jahren meine Großeltern.

Die Fahrt führt mich durch die gebirgige Obersteiermark, wo meine Mutter ihre frühe Kindheit verbrachte. Mein Großvater war dort ein kluger, aber strenger Lehrer und Schuldirektor. Nach seiner frühen Pensionierung zog die kleine Familie vom Gebirge in die Stadt Graz.

Damals war meine Mutter zwölf oder dreizehn Jahre alt und trug zwei lange blonde Zöpfe. Wie sie uns erzählte, eine Frisur, die in der Stadt Anfang der Dreißigerjahre nicht so gut ankam. Als Mädchen vom Land wurde sie von ihren späteren Freundinnen zunächst nicht ernst genommen.

Gegen Ende des zweiten Weltkriegs verließ sie Graz und zog mit meinem Vater, den sie während eines Skiurlaubes auf dem Radstätter Tauern kennengelernt hatte, zur Gründung von Existenz und Familie nach Stuttgart.

Erst nach der Pensionierung meines Vaters gelang ihr wieder die Rückkehr in ihre Obersteiermark. Im März 2009 starb meine Mutter kurz vor ihrem 89. Geburtstag. Ihr Wunsch war es, in den Bergen ihre letzte Ruhestätte zu finden. Eine Reise in die Steiermark ist seither für mich eine Reise in die Vergangenheit.

Wenige Kilometer Umweg führen mich zum Grab meiner Mutter. Die Sonne scheint über die Gipfel der Niederen Tauern auf das hölzerne Kreuz und auf die weißen und rosafarbenen Blumen.

Nun stehe ich hier und ich weiß, dass es keinen Dialog zwischen uns mehr geben kann; auch für die Hoffnung auf ein Wiedersehen bin ich nicht empfänglich. Das Leben meiner Mutter ist erloschen, über viele Jahre hinweg. Ganz langsam erlosch zuerst ihr Geist, dann ihre Psyche und zuletzt ihr Körper. An diesem Punkt, dem Tod, hören wir, die Lebenden, gern auf zu denken und beginnen zu hoffen. Unsere Religionen erklären uns die frohe Zeit, die uns nach unserem Tod erwartet, und reden uns Hoffnung ein. Wir sollen von den

Sünden erlöst werden. Von welchen denn? Sein kann nicht Sünde sein. Wir sollen erlöst werden von Mühsal, von Leiden und von Qualen. Das mag schon sein, aber diese Zustände werden durch nichts ersetzt.

Wir werden uns in einer besseren Welt wiedersehen, in einer Welt voller Gerechtigkeit, voller Wahrheit und voller Schönheit. Wo das sein soll, kann keiner erklären. Innerhalb unseres Universums jedenfalls gibt es hierauf keine Hinweise.

Als was werden wir uns wiedersehen? Als gebrechliche, kranke Alte in dem Geistes- und Körperzustand kurz vor unserem Ableben? Oder als Kinder? Im Zenit unserer Lebenskraft? Als virtuelle Wesen ohne Alter, im Vollbesitz unserer Geistesleistung? Natürlich schweigen hierzu auch die Gelehrten. Woher sollen sie das auch wissen. Und mir fehlt jegliches Verständnis für unbelegbare Weissagungen, mir fehlt diese aberwitzige Hoffnung, mir fehlt der Glaube an etwas, das es nicht geben kann. Ich warte nicht auf die Wiederauferstehung und auch nicht auf eine Wiedergeburt. Ich erwarte weder ein Leben auf einer himmlischen Wolke noch ein Leben in teuflischem Magma. Ich will keine indische Kuh werden, und ich will auch nicht als Märtyrer sterben, um zur Belohnung in einer außerirdischen terroristischen Welt reanimiert werden zu können.

Alles blanker Unsinn. Religion betrügt zumindest in diesem wesentlichen Punkt die Lebenden. Auch wenn mich die Wahrheit schmerzt, ich werde meine Mutter nie wiedersehen, ich werde nie wieder mit ihr sprechen können. Einen Dialog kann ich nur im Irrealis führen. Was hätte meine Mutter gesagt, wenn sie noch leben würde?

Natürlich hätten wir uns nicht hier auf dem Friedhof getroffen, sondern bei ihr zu Hause. Wir hätten uns gefreut, uns wiederzusehen, wenn auch nur für einen kurzen Plausch, auf eine Tasse Kaffee und ein Stückchen Kuchen. Home made, versteht sich. Meine Mutter hätte die Idee mit meinem Campingplatz-Aufenthalt zunächst sicher als Scherz abgetan. Sie hätte mir diese Geschichte nicht geglaubt. Nach umfangreichen Erläuterungen der von mir erhofften Vorteile hätte sie dann versucht, mich zu einer komfortableren Lösung zu überreden, in der guten Absicht, Schaden von mir fernzuhalten. Und schließlich hätte sie sich sicher an den Erzählungen über meine kleinen Erlebnisse vergnügt.

Meine Mutter war im Rahmen der Erziehungsaufgaben für die Förderung von Kulturinteresse und Fantasie zuständig. Spätestens nach Darlegung meiner Buchidee wäre sie daher begeistert gewesen. Wegen des fehlenden Internet-Anschlusses hätte ich jedoch meine Berichte per Post verschicken müssen. Und ich hätte Antworten bekommen, auch per Post. Meine Mutter konnte wunderschöne Briefe schreiben. Dieser Briefwechsel kam jedoch leider nicht mehr zustande. Ich war zu spät.

So stehe ich hier am Grab und führe meinen virtuellen Dialog. Was wäre gewesen, wenn?

Die Sonne scheint weiter auf Blüten, Grab, Kirchenmauer und Kirche.

Dann verlasse ich andächtig die Gräberstätte, setze mich in mein Auto und nehme meine Weiterfahrt nach Graz wieder auf.

Von: Joerg Eschenbach
Gesendet: Donnerstag, 16. Juli 2009 23:08
An: Rivercamper-Fans
Betreff: Dr Riva Tschämp

Liebe Sonnenanbeter,

ich bin vorübergehend nach Österreich geflohen und sitze gerade unter dem Dach des Turmwirts irgendwo in der Nähe von Graz. Und weil ich heute schon recht müde bin, gibt es keinen ausführlichen Report. Einen Gedanken muss ich jedoch noch loswerden, bevor ich mein Haupt zum Schlafen niederlege.

Nachdem ich die erste Halbzeit meines Camperdaseins gespielt und eine Unmenge von Prüfungen bestanden habe, bin ich nun der Meinung, dass ich einen Titel verdient habe. Mein Aufenthalt in Österreich verstärkt diesen Anspruch. Allerdings konnte ich mich noch nicht entscheiden.

Entweder: Diplom-Camper, also Dipl. Camp.

Oder: Der River Champ, ausgesprochen »Dr Riva Tschämp«.

Am besten kombiniert: Dipl. Camp. Dr Riva Champ.

Vielleicht fällt Euch ja ein noch passenderer Titel ein. Bitte um Zusendung von Vorschlägen, eine Prämierung findet garantiert nicht statt.

Na ja, gut Nacht

Dr Riva Champ

Sackerl-Tee

Steiermark – Bayern, Freitag, 17. Juli – Leider nur mäßig gut geschlafen. Mein Bett stand quasi an der Hauptstraße. Es war nicht die hohe Anzahl von Fahrzeugen, sondern die

Lautstärke einzelner, die immer wieder für Schlafunterbrechungen sorgte: Moped – Motorrad – Traktor. Traktor – Motorrad – Moped. Und so weiter.

Um 6:30 Uhr erlösendes Frühstück, der erste Schwung Frühaufsteher ist schon durch. Italiener, die an einer nahe gelegenen Ferngasleitung arbeiten. Das Speisenangebot ist spärlich. Gummisemmeln. Batzweiche Butter. Sackerl-Tee. Käsescheiben unklarer Herstellung und Herkunft. Österreichisches Frühstück sieht normalerweise anders aus.

Den Tag verbringe ich mit Kollegen auf einer Baustelle, um dort unsere neuesten Kaizen-Ideen in die Praxis umzusetzen. Am Nachmittag versuche ich mich an der Heimfahrt. Irgendwo in Österreich beginnen die Sommerferien. Alle Straßen sind vollgepackt mit Österreichern. Überall gibt es Gelegenheit zum Parken in österreichischen Staus. Abschnittsweise regnet es auch.

Schnee von heute

In den Berchtesgadener Bergen, Samstag, 18. Juli – Hochsommer. Rein zeitlich betrachtet. Ich sitze unter einem festen Dach und blicke über die regennasse Landschaft in die neuschneeüberzogenen Berchtesgadener Berge. Ob ich heute wirklich laufen sollte? Bei diesen Bedingungen? Wo ich doch hier unter unserem eigenen Dach alle Annehmlichkeiten habe, zum Beispiel Zentralheizung und Badewanne ohne Vier-Minuten-Takt. Ich lese meine Post und beantworte ein paar Telefonanrufe. Bevor ich wieder beginne, darüber nachzudenken, ob ich laufen soll oder will oder werde, wird mir die Entscheidung abgenommen. Es geht wieder einmal los. Ein Regenschauer, der sich gewaschen hat und glücklicherweise nicht mich. Ich beschließe einstimmig: Der Lauf fällt aus. Manchmal ist es tatsächlich besser, Entscheidungen zumindest vorübergehend aufzuschieben.

Almfahrt mit Ehrgeiz

Sonntag, 19. Juli – Sonntag ist Ausschlaftag, zumindest dann, wenn keine größeren Aktivitäten geplant sind. Das heißt, schlafen bis zum selbstständigen Aufwachen. Ohne technische Weckhilfe. Aufwachen ohne die Sorge, den Wecker überhört oder gar falsch eingestellt zu haben, oder noch schlimmer: den Wecker im Schlaf ausgestellt zu haben. Albtraumatische Vorstellung.

Aufwachen mit der Gewissheit, nicht allein in der kühlen Camper-Koje zu liegen. Und dann die sonntäglichen Belohnungen: Zähneputzen und Rasieren ohne unbekannte internationale Gesellschaft, gemütliches Frühstück ohne Zeitlimit, telefonfreie Gespräche mit Andrea. Das alles noch getoppt mit Sonnenschein und warmer Luft.

Am Nachmittag steht eine kleine Trainingseinheit mit dem Bergrad an. Andrea kann ich leider nicht begeistern, die Hausstrecke ist ihr zu steil. Das Ziel ist die Litzlalm, eine Märchenalm mit blumenbunten Wiesen und bimmelnden Kühen mitten in der Berchtesgadener Bergwelt.

Die Auffahrt ist fahrtechnisch einfach, hat jedoch einige knackige Anstiege zu bieten. Absteigen und schieben ist hier aus Gründen der Sportlichkeit undenkbar, völlig indiskutabel, streng genommen sogar unzulässig.

Ich rolle gemütlich das zunächst flache Klausbachtal einwärts. An der ersten Steigung entdecke ich so circa hundert Meter vor mir zwei Mountainbiker. Das wollte ich nicht, ich hatte mir eine entspannte Almfahrt vorgenommen. Und jetzt das. Aus mit der Gemütlichkeit.

Mein Ehrgeiz ist nicht nur erwacht, sondern hat auch gleich eine Extraportion Adrenalin für mich parat. Ich bin hier schon fünfzigmal hochgefahren, ich weiß meine Kräfte einzuteilen.

Ich nähere mich vorsichtig, ein Schaltvorgang gelingt mir allerdings nicht so lautlos wie gewünscht. Das Knacken meiner Kette beim Springen auf das nächstgrößere hintere Ritzel wird von den vor mir fahrenden Bikern wohlvernommen. Wie zu erwarten, wollen sie sich nicht überholen lassen und erhöhen ihre Trittfrequenz. Ich bin schon nah an dem ersten Hinterrad. Radkomponenten, Fahrverhalten, Waden- und Oberschenkelbeschaffenheit lassen auf professionelle Amateure schließen, wahrscheinlich Berchtesgadener Aborigines. Aber Hausstrecke ist Hausstrecke und hier sind wir auf meiner Hausstrecke.

Beharrlich bleibe ich dran und will natürlich nach vorn. Vor Ende der Steigung fahre ich am ersten Biker vorbei und grüße mit einem betont lässigen »Servus«.

Der zweite Biker wartet nach dem ersten Absatz. Er sieht wirklich super durchtrainiert aus und hat meiner Bewertung nach das Potenzial, von mir nicht überholt werden zu müssen. Zeit für ein weiteres »Servus«. Antwort: »Habe die Ehre.« Das ist der Beweis, so grüßen nur die Berchtesgadener.

Nach ein paar Hundert Metern zweigt links ein für Radfahrer gesperrter Fußweg ab, der nicht nur schöner zu befahren ist als die Straße, sondern der mir auch die Chance gibt, unerkannt zu flüchten. Ich nehme etwas Tempo raus und trete diesen teilweise auch recht steilen, mit zahlreichen hölzernen Absätzen zur Ableitung von Wasser durchzogenen Weg hinauf.

Zurück auf der Straße, so circa hundert Meter vor mir entdecke ich zwei Mountainbiker. Das wollte ich nicht. Ich hatte mir eine entspannte Almfahrt vorgenommen. Und jetzt das. Aus mit der Gemütlichkeit. Mein Ehrgeiz ist erneut entfacht und hat auch gleich eine weitere Portion Adrenalin für mich bereit. Ich erhöhe die Trittfrequenz. Beim Näherkommen erkenne ich die Radkomponenten, die Waden- und die Oberschenkelbeschaffenheit. Ohne Zweifel, jetzt waren sie schneller. Aber so leicht lasse ich mich nicht abschütteln. Beim Vorbeifahren kommentiert der hintere Biker: »Bist den Fußweg gefahren?« Einsilbig, aber freundlich antworte ich mit einem »Ja«. Für noch eingehendere Gespräche habe ich jetzt keine Zeit, genau genommen keine Luft. Sorry.

Ohne weitere Überholmanöver erreiche ich die Alm. Die anwesenden Kühe würdigen meine Leistung mit keinem Blick. Auf meiner Zielbank neben einer wunderschönen Almhütte sitzt bereits ein Biker. Auch das hat es bisher noch nie gegeben.

Von: Joerg Eschenbach
Gesendet: Montag, 20. Juli 2009 22:54
An: Rivercamper-Fans
Betreff: Wildsaugeschichte, die Zweite

Liebe Freunde, liebe Vorgartenabenteurer,
wenn ich so nach mehr oder weniger getaner Arbeit gen Süden fahre, also nach Thalkirchen, durchkriecht mich so eine leicht unbehagliche Besorgnis. Ist mein Camper noch da, ist bei mir vielleicht jemand eingezogen, steht mein Vorzelt noch, parkt jemand unerlaubterweise in meinem Vorgarten, ist der Rasen endlich geschnitten, wie viele Haufen hat der Maulwurf wieder aufgehäuft, habe ich neue Nachbarn, wo kommen sie her, sind sie nett, hübsch, dick, dünn, laut? Kinder, Hunde, Radio, Fernseher, Grill, oder spielen sie ständig Federball?

Ich biege von der Floßländstraße Richtung Rivercamp ab. Polizei. Mehrere Einsatzfahrzeuge. Als echter Deutscher kriegst du sofort ein schlechtes Gewissen. Bin ich bei Rot über die Ampel gefahren? Anzeige? Nur weil ich auf den einzigen zwei Autobahnkilometern ohne Geschwindigkeitsbeschränkung bei Vollgas ganz laut Arschloch gedacht und ich mich dazu bei etwas heruntergelassenem Beifahrerfenster mit meinem rechten Zeigefinger an der Stirn gekratzt habe. Nur deswegen? Ich fahre ganz langsam, unbeteiligt blickend, vorbei. Da werden ein paar Camper mit gelbem Kennzeichen etwas genauer durchsucht. In einem Camper gibt es unendlich viele Verstecke. Ich hätte da so einen ganz heißen Tipp. Genau! Der Abwasserbehälter. Wetten, da schauen die nicht rein, und die Schnüffelhunde hätten sicher auch ein Problem damit. Aber mich hat ja keiner gefragt.

Ich beschließe, mich vorsichtshalber mal aus dem Staub zu machen, sportlich, mit dem Bergrad, man weiß ja nie. Vielleicht finden die ja raus, dass ich schon fünf Wochen hier bin, aber in München noch keine Steuern zahle. Also Trainingseinheit Radfahren, ich habe schließlich noch einiges vor in diesem Sommer.

Über Pullach erreiche ich den Forstenrieder Park. Die Münchner wissen sicher, welche Gefahren dort lauern (der Forstenrieder Park ist ein großes Waldstück im Süden von München). Es sind nicht die unbekleideten Münchner und Münchnerinnen, die hinter den Büschen hervorspringen und den Radler erschrecken. Auch keine Schilder: Grizzly recently seen. Nein, Wildschweine! Echte bayerische wilde Säue. Ein Gatter gewährt Einlass. Der Wald liegt in der Abendsonne, vollkommene Ruhe, kein Mensch weit und breit.

Die Orientierung fällt leicht, alle Wege sind in einem rechtwinkligen Raster angelegt. Ludwigsgeräumt (die Forstwege heißen hier Geräumt) westwärts. Nach ein zwei Kilometern sehe ich dunkle Flecken vor mir, die untergehende Sonne blendet mich. Tatsächlich, es ist so weit: Wildschweine. Ich fahre langsam weiter. Acht Stück kann ich zählen, sie springen vor mir nach links und rechts ins Dickicht. Keine Gefahr für mich und die Schweine. Ich fahre weiter. Nach einigen Minuten links ein Abzweig und dort eine riesige Rotte (waidmännisch für große Anzahl von Wildschweinen).

Ich bremse ab, drehe um, die will ich mir näher ansehen. Vorn eine große Wildsau, der Familienkeiler, etwa fünfzehn Meter entfernt, den Rüssel friedlich in den Waldboden versenkt. Ich beobachte ihn ein bisschen. Und da. Er hebt den riesigen Schädel. Seine Hauer gleißen in den rotgelben Strahlen der untergehenden Sonne. So eine riesige Sau. Gedankenübertragung. Er bewegt sich. Ein Stoß Adrenalin durchschießt meinen Kreislauf. Fluchtinstinkt. Ich springe in die Pedale, steige aus dem Sattel, trete voll an, fast ins Leere, muss raufschalten, die Kette kracht. Wenn die jetzt reißt. Ich höre es hinter mir, das Stakkato der Schweinebeine. Mein Puls geht sofort auf über 110 Prozent Maximum, bestimmt weit über 1000 Watt. Ich spüre den heißen Atem des wilden Tieres an meinen Unterschenkeln. Dann ein fürchterliches Aufgrunzen. Ich blicke zur Seite, direkt in die Augen der wilden Sau. Die Wildsau blickt völlig entsetzt zu mir auf, streckt ihre Vorderläufe in den Forststraßenschotter, Steine spritzen zur Seite, die Wildsau steht. Waidmannsdank.

Schwein gehabt. Etwas verstört zickzacke ich durch den Forst und durch Solln isarwärts. Mir schlottern jetzt noch die Knie. Da schmeckt nicht mal mehr die Schneider Weisse (weil sie nämlich aus ist). Für zweiachtzig erstand ich jedoch am Kiosk ein Erdinger, dunkel.

Ich wünsch Euch eine gute Nacht
Euer Waidmann dr Riva Champ Jörg

Hühner-Rolle

Dienstag 21. Juli, 6.30 – Ich kann es nicht glauben, Ruhe auf dem Dach. Nichts prasselt. Auch die Weckamsel hat ihren morgendlichen Dienst eingestellt. Mir scheint, die Sonne scheint. Der schräge Blick vom Bett durch das geöffnete Dach-Panorama-Fenster bestätigt die Vermutung. Das stimmt mich schon mal positiv für diesen Tag.

Nach dem Wettercheck, the same procedure as every morning: mit den Badeschlappen durch das taunasse Gras zum Waschhaus. Zweites Waschbecken von rechts (von zwölf). Waschbeutel an die gegenüberliegende Duschkabinentüre gehängt. Handtuch dahintergeklemmt. Gruppenzähneputzen. Gruppenrasur. Gruppengesichtswaschung. Gruppendeo. Bei einigen Waschenden beim Blick in den Spiegel offensichtlich nach dem bekannten und bewährten Motto: »Ich kenn dich zwar nicht, aber ich wasch dich trotzdem.«

Dieses Problem habe ich heute nicht.

Gewaschene Rückkehr in meinen Camper. Nun folgt das Frühstücks-Buffet: Tee, echt frisch mit Wasser aus der Flasche, Pumpernickel, Butter, Käse, Marmelade, Müsli mit Milch. Dann ein Fehler. Zeitnot! Das Müslilöffeln dauert zu lange. Ich schlürfe den Rest. Schaut ja keiner zu. Haferflocken stauen sich vor meinen Zähnen. Milch läuft links und rechts vorbei, über mein Gesicht auf mein Hemd zur Küchenzeile und entlang der Küchenschranktüren zum Boden. Echt super gemacht. Ein Morgenflüchlein entweicht meinem Müslimund. Ja, Freunde, im Fünf-Sterne-Frühstücks-Restaurant im Grand-Hotel SuperCityPlaza für 38 Euro wäre das jetzt superpeinlich. Und hoffentlich hättest du noch ein frisches Hemd im Koffer.

Fahrt ins Büro. Immer das gleiche Ärgernis, 45 Minuten für 11 Kilometer. Das könnte ich fast laufen. Allerdings bräuchte ich dann eine Dusche. Die gibt es in unserem Büro leider nicht.

13:30, mein Körper meldet Bedarf an Kalorienzufuhr. Okay, okay, nur nicht so hastig. Auch Fast-Food braucht seine Zeit. Burger King, mein neuer Lieblings-Schnell-Fütterer, just auf der anderen Seite der Autobahn, ist das Ziel. Luftlinie 50 Meter, aber eben eine Autobahn dazwischen. Eigentlich könnte ich direkt hinüberjumpen. Aber irgendein Bayern-Driver würde sicher sofort eine Message absetzen, und alle Bayern könnten es dann in ganz Bayern hören:

Hier ist der schnellste Verkehrsfunk Bayerns: Vorsicht auf der Autobahn A94, zwischen den Anschlussstellen Zamdorf und Riem kommt ihnen ein springender Mensch entgegen. Überholen Sie nicht, fahren Sie nicht nebeneinander und überfahren Sie ihn nicht. Wir informieren Sie, wenn der Mensch vorüber ist.

Bis die Autofahrer die Meldung verstanden haben, wäre ich längst beim Burger King. Na ja, alles Fiktion. Auch ich bin nicht blöd. Also setze ich meine acht Zylinder in Bewegung und fahre unter der Autobahn hindurch Richtung Drive-In oder Through oder so. Bei der Einfahrt entscheide ich mich allerdings, mein geplantes Mittagsmahl direkt vor Ort einzunehmen.

Auf dem speziellen King-Parkplatz bietet sich rechts außen ein Schattenparkplatz an; sieht nicht nur eng aus, ist tatsächlich eng. Ich muss zweimal zurücksetzen, um mich ohne Leichtmetall-Felgen-Granitbordstein-Berührung hineinzuzwängen. Ich öffne die Fahrzeugtüre. Ausstiegsversuch. Der Spalt ist zu klein. Definitiv. Das geht nicht. Ich komme aus meinem Auto nicht heraus, links nicht (Jaguar) und rechts auch nicht (Bäume). Super eingeparkt, leider völlig sinnlos.

Was nutzt der schönste Schattenparkplatz? Nichts. Entweder hier endgültig verhungern oder das Auto in die pralle Sonne stellen oder (genau!) Drive-In oder-Through oder so. Also rückwärts wieder ausparken (die mich hier beobachten, halten mich bestimmt für völlig bescheuert) und vorwärts vor den Bestell-Lautsprecher.

»Hallo, Guten Tag, was möchten Sie gern.«

»Hallo, Guten Tag, ich hätte gern einen Caesar Chicken Roll, so 'n Taco-Teil.«

»Wie bitte?«

Meine Augen rasen über die riesige, klein beschriftete Bestell-Schautafel. Kein Chicken Roll zu sehen. Ich probiere es noch mal:

»Caesar Chicken Roll!«

»Wie bitte???!!! Ich versteh Sie nicht.«

(Höre ich da einen genervten Unterton?) Nun nochmals langsam und deutlich:

»Chicken Roll, Caesar. So ein eingerolltes Hühnchen mit Caesar-Soße und eine mittlere Cola ohne Eis.«

Ich kann Sie nicht verstehen. Bitte fahren Sie zum Schalter vor. Okay, ich rolle vorwärts. Am Schalter: Die uniformierte Burger Queen mit eingeschränkten Deutschkenntnissen für 6 Euro vierzig die Stunde schaut leicht unfreundlich auf mich herab.

»Ihr Wunsch bitte.«

»So 'n Caesar Chicken Roll, so ein eingedrehtes Chicken mit Caesar-Soße.« Ich verdeutliche meinen Wunsch mit einer entsprechend rollenden Handbewegung.

»Ah, Chicken Wrap. Caesar-Soß is aus, drei Euro achtzig.«

»Und ein mittleres Cola ohne Eis.«

»Okay, fünf-achtzig.«

Eigentlich wollte ich noch so einen USB-Stick, der aussieht wie ein Cola-Becher. Ich lass es sein. Bekomme Wrap und Cola und rolle davon, unter der Autobahn hindurch in die Bürogarage.

Am Abend fahre ich zum Münchner Flughafen. Dort die übliche Prozedur zur Erlangung einer Mitfluggelegenheit. Der Abflug am hintersten Gate ist mit einem längeren Fußmarsch verbunden. Kurz vor dem Gebäudeende winkt eine Verpflegungsstation. Das sieht nach Belohnung aus. Und ich belohne mich auf dem Flughafen München-Erding für den gelungenen Arbeitstag mit einem frisch gezapften Erdinger Weißbier. Gesund-Banane und Mineralwasser kann ich jetzt einfach nicht zu mir nehmen.

Prince Suite

Der Flug nach Belgrad ist ausgebucht. Meine Sekretärin hatte glücklicherweise rechtzeitig gebucht, und so bin ich mit dabei. An Bord eine jugendliche Sportlergruppe aus Brasilien, die den Großteil der Plätze in Anspruch nimmt. Ich sitze zwischen zwei Turnerinnen. Da ich nicht portugiesisch spreche, entfällt die Unterhaltung. Ist auch so ganz nett.

Nach einer Stunde Flugzeit landen wir auf dem Flughafen in Belgrad. Wir rollen von der Startbahn auf einen Taxiway und halten an. Der Kapitän meldet sich aus den Überkopf-Lautsprechern mit einer flapsigen Information: »Überraschenderweise hat die Flughafenkontrolle festgestellt, dass unsere Parkposition noch besetzt ist. Wir bitten Sie daher um reichlich Geduld.« (Auf Serbisch hat er diese Mitteilung vorsichtshalber unterlassen.)

Nicht okay, trotzdem zur Kenntnis genommen. Widerspruch sinnlos, Beschwerde sinnlos.

Nach einigen Minuten dürfen wir dann doch anlegen. Alles dauert wie gewohnt viel zu lange: Türe öffnen, Aussteigen, Gepäckabholung, Passkontrolle. Irgendwann habe ich glücklicherweise alle Flughafen-Hindernisse überwunden und werde von meinen serbischen Geschäftspartnern freundlich in Empfang genommen.

Der herbeigeeilte Chauffeur nimmt mir trotz Widerspruch, den er wahrscheinlich gar nicht versteht, meinen Koffer ab. Wir haben nicht weit zu gehen, die schwarze 400-PS-Luxuslimousine steht unmittelbar vor dem Ankunftsgebäude. Wir fahren Richtung Innenstadt. Zum wiederholten Mal werden mir die Gebäude gezeigt, die von den Amerikanern während des letzten Balkankrieges entweder getroffen oder verfehlt wurden. Dazu gehört auch die versehentlich zerstörte chinesische Botschaft. Wer warum dieses Versehen auslöste, ist nicht bekannt geworden.

Ziel unserer Fahrt ist die Rezeption eines angeblich netten kleinen Privathotels. Dort erhalte ich nach dem üblichen Eincheck-Prozedere den Schlüssel für ein angeblich sehr feines Apartment, der Prince Suite, in einer Dependance des Hotels. Wir besteigen erneut die Luxuslimousine, der Chauffeur fährt um fünfzig Ecken, steuert schließlich in eine Sackgasse und parkt im absoluten Halteverbot wenige Meter von Belgrads Fußgängerzone entfernt. Den Rest der Anreise muss ich zu Fuß absolvieren. Meine beiden Geschäftspartner begleiten mich.

Die Dependance befindet sich angeblich gleich um die Ecke in einem Haus in der Fußgängerzone, da bleibt nur die eine, jedoch entscheidende Frage: Wo ist dieses Haus und welcher Eingang ist der richtige? Keine Hinweise zu erkennen. Wir testen mehrere Hauseingänge und steigen schließlich einen dunklen, engen, schlecht gelüfteten Treppenaufgang über mehrere Stockwerke nach oben bis unter das

Dach. Spätestens hier müsste der Eingang in das ersehnte Serail sein. Fehlanzeige. Falsches Stockwerk. Falscher Treppenaufgang. Falsches Haus.

Wir gehen wieder hinunter und testen den nächsten Treppenaufgang. Erneuter Aufstieg durch das wenig einladende Ambiente eines heruntergekommenen Mietshauses (letzte Renovierung im Frühjahr 1932, nach einem verheerenden Häuserbrand, den bestimmt keiner der Bewohner überlebt hat). Bereits etwas atemlos erreichen wir das fünfte Stockwerk. Dann ein Wunder. Dicker roter Teppichboden. Noch ein Stockwerk nach oben. Hier ist der gesuchte Eingang. Ich öffne die tresorartige Türe. Vor mir liegt die Prince Suite. Eine Oase der Abgeschiedenheit und Anonymität. Für mich als allein reisenden und allein nächtigenden Herrn verfehlt diese Unterkunft ihre Zweckbestimmung. Großes Doppelbett, Stereoanlage, Plasma-Fernseher, Küchenzeile mit voll ausgestattetem Kühlschrank, Sauna, Riesendusche, Dachterrasse mit Blick ins Nirwana bauruinenhafter Innenhöfe. Meine Frage nach unerwünschtem nächtlichen Anklopfen wird verneint. Gäste angeblich nur auf Einladung. Das ist nicht überall so. Sicherheitshalber checke ich trotzdem nochmals alle Suiten-Teile auf bereits ohne Einladung eingetroffene weibliche Gäste.

Mit einem Drink unter freiem Himmel wollen wir den Tag beschließen. Ich verriegle die Suite-Tresor-Tür von außen. Gemeinsam steigen wir zur Fußgängerzone hinunter. In der nächstgelegenen Straßenkneipe lassen wir uns nieder und gönnen uns ein frisch gezapftes serbisches Bier.

Die Fußgängerzone ist auch spät am Abend noch sehr belebt. Bewohner Belgrads und sogar einige Touristen schlendern vorbei, wegen der sommerlichen Hitze vielfach knapp bekleidet, beinfrei, bauchfrei, rückenfrei, mit allerlei Metallteilen durchnietet. Wegen der fortgeschrittenen Zeit und dem geplanten frühen Abflug am nächsten Morgen beschränken wir uns auf das erste Bier und machen uns in verschiedene Richtungen zu unseren nächtlichen Unterkünften auf.

Ich wähle den richtigen Treppenaufgang, steige sechs Stockwerke hinauf und verschaffe mir Zugang durch die Prince-Suite-Tresor-Schallschutztüre der Widerstandsklasse zehn zu meinem Nachtquartier.

Nach Versendung einer kurzen Mail an meinen Fanklub ziehe ich mich in die Wellness-Oase zurück und genieße mein Single-Wasch-Erlebnis. Nur *ein* Waschbecken, Seife aus dem Seifenspender, keine Spinnen vor und hinter dem Spiegel, duschen ohne Warmwasser-Marken, trockener Boden beim Gang zur Schlafstätte. Rechtschaffene Müdigkeit bezwingt meinen Körper. Vielleicht schnarche ich, höre jedoch nichts davon und sonst sicher auch niemand.

2:00 Uhr. Plötzliche Schlafunterbrechung. Linkes Ohr meldet Moskitoalarm. Die Müdigkeit weicht schlagartig von mir. Moskitos, das Ende eines jeden gesunden Schlafs. So eine Scheiße. Licht an, erst am Bett, dann alle verfügbaren Quellen an Decken und Wänden. Ich war schon immer ein gefürchteter Moskitojäger. Bevor nicht alle erschlagen sind, kein Weiterschlafversuch.

Ich hole mir ein Handtuch aus dem Badezimmer, das Tuch ist bestens geeignet, weil noch leicht feucht. Halali! Die Jagd beginnt. Ich sehe erste Mikromücken unter der Zimmerdecke tanzen und bin etwas misstrauisch, ob diese Mikroteilchen tatsächlich über den vernommenen ausgewachsenen Moskito-Sound verfügen. Egal. Ich schleudere das Handtuch an die ungewöhnlich hohe Zimmerdecke. Treffer. Zack, noch mal. Treffer. Doppeltreffer. Und noch ein Treffer. Ich checke alle Ecken und Nischen. Beim Blick hinter die geschlossenen

Vorhänge entdecke ich geöffnete Fenster, die ich natürlich trotz der hohen Innenraumtemperatur sofort schließe. Diese offenen Fenster waren wohl der Zugang für die begonnene serbische Mückeninvasion. Die bereits eingedrungene, heimlich auf mich wartende Armada hätte mich blutleer gepumpt, wenn ich in einen tieferen Schlaf gefallen wäre. Jetzt scheint die Luft wieder rein zu sein, alles zur Strecke gebracht.

2:12 Uhr. Ich lege mich wieder in mein Doppelbett. Mir bleiben noch dreieinhalb Stunden Schlafzeitraum.

2:31 Uhr. Bsssssuuii. Linkes Ohr. Erneuter Moskitoalarm. Kreuzverfluchte Kacke. Diese Sound-Mischung aus Ss, Is und Us macht mich ganz wirr und wild im Kopf. Licht an. Halali. Die Jagd beginnt noch mal. Ich kann vom Bett aus nur ein so ein Mikromücklein sehen. Ich traue meinen Augen nicht. Zur genaueren Begutachtung der Zimmerdecke besteige ich, bewaffnet mit meinem Totschlag-Handtuch, das Nachtkästchen. Natürlich erkenne ich das statische Problem. Je nach Auskragung des Oberkörpers könnte es zum gefürchteten Nachtkästchen-Kippen kommen. Trotzdem beginne ich meine gefährliche Kammerjägertätigkeit an der Suiten-Decke.

Mir bleiben nur wenige Sekunden, mein Oberkörper kragt zu weit aus, das Kästchen kippt. Mit einem behänden Sprung rette ich meine Gelenke und Knochen vor dem drohenden Totalschaden. Zur Sicherstellung meines Gleichgewichts rudern meine Arme weit aus. Dabei verfängt sich meine Handfeuerwaffe an einer Kristallglaswandleuchte, die der heftigen Krafteinwirkung keinen Widerstand leistet. Resümee: Nachtkästchen beschädigt am Boden, Wandleuchte aus der Wand gerissen, eine Mikromücke tot, ich unverletzt. Ich spende noch ein paar Minuten einigen eher wenig zielführenden Aufräumversuchen und wende mich wieder meinem Bett zu.

Uuuuh, ja was krabbelt denn da unter meinem Bett hervor: groß und mächtig, eine Kakerlake. Hallo, guten Morgen, Kakerlak. Kannst du auch nicht schlafen. Keine Bewegung. Keine Antwort. Spricht nicht deutsch.

Ich überlege, ob ich hier überhaupt weiterschlafen will. Mangels Alternative entscheide ich mich, zu bleiben. Wie schön wäre es jetzt in meiner Villa am Fluss. Soll der Kakerlak doch machen, was er will, zu mir ins Bett wird er schon nicht kriechen. Mir bleiben noch zweieinhalb Stunden für einen weiteren Schlafversuch. Gute Nacht, ihr Krabbler, Sauger und Flieger.

Wenig später träume ich von einer Preisverleihung. Anlässlich der Jahrestagung der europäischen Jagdverbände überreicht mir der serbische Präsident den goldenen Flugsaugier-Orden. Recht herzlichen Dank, Herr Präsident.

Beim Verkehrsminister

22. Juli, 6:30 Uhr – Ich sitze auf einem Granitstein-Poller vor dem wegen angeblichen Arbeiten an der Fassade seit zehn Monaten gesperrten Eingang des Ethnographischen Museums und warte auf meine Geschäftspartner, die mir versprochen haben, mich hier abzuholen. Gemeinsam wollen wir zum Flughafen, um mit der ersten Maschine nach Montenegro zu fliegen.

Meine Augenöffnungen leiden unter den Ereignissen der vergangenen Nacht. Das Frühstück musste mangels Service und unterlassener Eigenzubereitung bedauerlicherweise ausfallen. Ein Schnellcheck des Kühlschrankinhalts meiner einsamen Dependancen-Suite ließ mich vor jeglichen Frühstücksgedanken zurückschrecken: drei Eier unbekannten

Erzeugungsdatums, eine bereits teilweise geleerte Cola-Flasche, Orangen-Juice im Pappkarton, ein Beutel Mayonnaise, Schweinespeck im Plastikmantel, vier große Knoblauchknollen. Ein Morgenmahl, zubereitet aus diesen Materialien hätte für mich und mein Umfeld sicher fatale Folgen gehabt. Also nahm ich lieber Abstand von dieser Lösung und bevorzugte ein Null-Komma-null-Kalorien-Frühstück.

Bei frischer Morgenluft und wärmender Morgensonne sitze ich auf meinem Stein und beobachte die erwachende Serben-Metropole. Vor mir arbeiten einige Männer der Stadtreinigung und zapfen zur geplanten Säuberung der Straßenoberflächen Wasser aus einem Hydranten, der zu Feuerlöschzwecken hier seit Jahren einer wahrscheinlich hilflosen Zukunft entgegenrostet.

Auf der gegenüberliegenden Straßenseite zieht der Chef eines Cafés die Außenjalousien hoch und stellt ein paar Stühle auf das Betonsteinpflaster. Dort gäbe es bestimmt ein Frühstück, ein schönes Frühstück mit frischem Kaffee und Croissants. Ich könnte mich dort, auf einem richtigen Stuhl in der Sonne sitzend, dem morgendlichen Genuss hingeben. Leider bleibt es bei meinem vom puren Verlangen getriebenen Tagtraum, denn ich warte auf meine Geschäftspartner, die offensichtlich besser geschlafen haben als ich. Die Zeit läuft, und damit wird auch der ohnehin knapp bemessene Zeitraum für die Fahrt zum Flughafen und den Eincheckvorgang immer knapper. Mein Granit-Sitzstein erinnert mich an die Härte des Lebens.

Dann endlich nähern sich meine Freunde mit deutlich überhöhter Geschwindigkeit, bremsen scharf ab, und ich springe auf die Rücksitzbank. Gemeinsam eilen wir davon. Unter Missachtung aller auch hier geltenden Verkehrsregeln erreichen wir den Flughafen; wenige Minuten später sitzen wir deutlich entspannter im Flugzeug Richtung Montenegro.

Tatsächlich kündigt sich ein schon so lange herbeigesehntes Frühstück an. Umfang und Inhalt waren in der jüngeren Vergangenheit offensichtlich einigen harten Cost-Cutting-Sequenzen ausgesetzt. Trotzdem frühstücke ich jetzt auf meinem Fensterplatz irgendwo am sonnigen serbischen Himmel und bin weitgehend zufrieden.

Nach einer Stunde Flugzeit landen wir in Podgorica, der Hauptstadt von Montenegro. Auch hier sind die Spuren der kriegerischen Attacke gegen Rest-Jugoslawien längst beseitigt. Die Wracks der von Milosevic vermeintlich sicher abgestellten Kampfjets russischen Ursprungs sind nicht mehr vorhanden oder zumindest nicht mehr sichtbar. Die Startbahn ist saniert, das neue Abfertigungsgebäude fertiggestellt.

Wir werden abgeholt. Nach einem kurzen Zwischenstopp in einem Innenstadt-Café schreiten wir im dunklen Anzug durch die südlich heiße Luft zum Termin mit dem Verkehrsminister.

Nach dem obligatorischen freundlichen Start-up-Small-Talk stellen wir unsere Ideen zum weiteren Ausbau der für den montenegrinischen Tourismus wichtigen Flughäfen Podgorica und Tivat vor. Die unerwartet intensive Besprechung dauert ungewöhnlich lange.

Zuversichtlich gestimmt verlassen wir nach ein paar Stunden das Ministerium, um bei einem späten, jedoch ausgiebigen Mittagsmahl die weiteren Schritte festzulegen. Der Gehalt des Mahls deckt meinen Kalorienbedarf der nächsten drei Tage locker ab; auch an alkoholischen Beigaben wird nicht gespart. Mein Promille-Gehalt macht mir dennoch keine echten Sorgen, da ich weder selbst fliegen noch selbst fahren muss.

Ich könnte mir vorstellen, meinen Camper rückwärts in den Ufersand des Mittelmeers zu schieben und im Schatten einer Mittelmeerpalme ein Mittagsschläfchen zu halten. Völlige

Ruhe, nur die Plätschertöne sanfter Wellen würden meine Ohren umspülen. Nach dem Absinken des aus Gastfreundschaft herbeigeführten überhöhten Promillepegels würde ich in das sommerlich warme Mittelmeerwasser eintauchen und mein Schwimm-Work-out durchziehen. Das würde ich also alles tun, aber mein Camper ist weit, Podgorica liegt nicht am Mittelmeer, und ich bin nicht im Urlaub.

Also brechen wir Richtung Flughafen auf; die Luft ist im Laufe des Tages heißer geworden, noch heißer ist es im Inneren des schwarzen Flughafenzubringer-Geländewagens, mein dunkles Jackett habe ich mir zu Verhinderung eines Hitzschlags über die Knie gelegt.

Zurück in Belgrad, ist mir die Entscheidung über den Ort meiner nächsten Übernachtung von meinen Geschäftspartnern längst abgenommen. Die Sache mit den Bubasvaba, ausgesprochen Bubaschwaba (serbisch für Kakerlake), ist ihnen sehr unangenehm. Mich erwartet deshalb ein neues Quartier, angeblich garantiert lebewesenfrei. Das heißt nun Auszug aus der Prince Suite.

Den Aufzug meide ich. Diese Story möchte ich einfach nicht schreiben müssen: Deutscher Manager sitzt fünf Stunden in einem vergitterten Aufzug fest. Während sich das Zugseil (Litze für Litze) langsam auflöste, versuchten Hilfsmannschaften, die bereits nach vier Stunden eingetroffen waren, die Aufzuggondel zu sichern und einen Absturz in den Schacht durch Unterschieben einer eiligst herbeigeschafften Schranktüre zu verhindern.

Da bevorzuge ich doch lieber die Fitnessvariante. Sechs Stockwerke Aufstieg. Öffnen der Tresorwohnungstüre (www.princesuite.com). Keine Prinzessin in der Prinzen Suite. In fünf Minuten ist alles in den Koffer gepackt. Und Tschüss, ihr ungegessenen Eier und Knoblauchknollen in der Minibar. Unter der Eierschachtel lagen übrigens noch zwei Tafeln Schokolade, lila, Knoblauchfüllung.

Ich gehe die Treppen hinunter. Aus irgendeinem Backofen riecht ein Hühnchen oder Hähnchen das Treppenhaus hinauf. Troganovic, Swacek, Malanperovic, Kosak, Milicevic; im 1. Stock hinter sieben Winkeln ein Advokat. Stimmen aus Fernsehapparaten. Sonst nichts und niemand. Die Haustür unverschlossen. Frische Luft heißt mich willkommen.

Nach halbstündiger Fahrt zurück Richtung Flughafen erreichen wir meine neue Bleibe, ein neu erbautes, mehrfach besterntes Hotel. Es ist schon spät, wir verabschieden uns, ich beziehe meinen garantiert lebewesenfreien Business Room, entdecke mit geschärftem Blick ein paar Moskitos hinter dem Vorhang und an der Zimmerdecke und führe ein paar geübte Vernichtungsschläge aus. Per Mail setze ich noch eine Standort- und Überlebensmeldung an meinen Fanklub ab. Dankbar esse ich die auf meinem Kopfkissen bereitgelegte Gute-Nacht-Praline und lege dann meinen Kopf auf das Kissen. Das muss für heute reichen.

Geschichten sind zollfrei

23. Juli – Lufthansa nach München, umgebucht, jetzt ausgebucht, dafür Mittelplatz. Lady links spricht englisch, Lady rechts serbisch. Die Deutschkenntnisse der Damen sind mir unbekannt. Ich schreibe und habe den Eindruck, ihre Augen sind auf meinen Bildschirm gerichtet. Vielleicht lest ihr ja mit, also viel Vergnügen, liebe Nachbarn. Und weil ich in der Mitte sitzen muss, durfte ich in die erste Reihe der Holzklasse vorrücken mit Blick direkt auf den Schamvorhang der vor mir liegenden Business-Class. Dieser Textilstreifen schützt die Angehörigen der Upper-Class vor den gierigen Blicken der einfachen Leute, wenn sie, die Business-Class-Passagiere, sich gierig den Kaviar reinstopfen und ihn dann unablässig mit Champagner runterspülen.

Heute sitzt da niemand, Kaviar gibt es deshalb nur für das Bordpersonal, blickgeschützt. In der Holzklasse werden Truthahnbrötchen verteilt, zu Hause würde so etwas keiner essen, hier schon, weil ohne Zusatzkosten. Ich lehne ab. Kommentarlos dreht die Hansamieze ab, ich versuche eine Käsebrötchenfrage, die negative Antwort kommt erst nach der dritten Lautstärkenerhöhung und wird mit einem Bountyriegelchen belohnt. Na also, geht doch.

Gut durchgeschüttelt, aber unbeschädigt landen wir in München. Die zwanzig Minuten Gepäckwartezeit scheinen wie immer fünf Stunden zu dauern. Immerhin, mein Koffer kommt tatsächlich, friedlich auf dem Gepäckband liegend, auf mich zu. Das war nicht immer so, er war auch schon ohne meine Begleitung bis zu drei Wochen auf Welttournee. Aber immer kam er zu mir zurück, was ich ihm hoch anrechne. So freue ich mich jedes Mal, wenn ich meinen Koffer wiedersehe und er mir dann Richtung Exit dankbar hinterherrollt.

Die offensichtlich zur Schau gestellte Freude erweist sich als gravierender taktischer Fehler. Mein gut gelaunter Gesichtsausdruck fällt beim Zoll sofort auf.

»HALLO, SIE.«

Ich reagiere nicht und peile die Ausgangstüre an.

»HALLO, HALLO.« (Im Crescendo)

Woher soll ich wissen, dass ich gemeint sein könnte? Trotzdem unterläuft mir ein weiterer Fehler, ich blicke kurz in Richtung des Hallo rufenden Zollbeamten. Jetzt bin ich fällig.

»JA, SIE.«

Ich muss antworten: »Ich bin doch nicht der Hallo, woher soll ich wissen, dass Sie mich meinen?«

Dann er: »Wie soll ich Sie denn ansprechen, ich kenne Ihren Namen nicht.«

Jetzt mein nächster Fehler, der dritte: »Was, Sie kennen mich nicht, aus Film, Funk und Fernsehen? Ich bin der Rivercamper von Thalkirchen.«

»Bitte kommen Sie mit.«

Wir verlassen den Ausgangsbereich nach links in einen Milchglasnebenraum, bestückt mit einer durch mehrere Sichtbarrieren aufgeteilten Edelstahltheke.

»Bitte legen Sie Ihren Koffer hier auf den Tisch.«

Er deutet auf das erste Thekenabteil neben dem Eingang der Untersuchungshalle.

Ich leiste zunächst kommentar- und widerspruchslos Folge.

»Wo kommen Sie jetzt her?«

»Vom Gepäckband.«

Das könnte Fehler Nummer vier gewesen sein und es garantiert eine längere Aufenthaltsdauer im Untersuchungslager. Ich spüre, wie sich die Reißzähne des Polizeihundes bereits tief in meine Waden verbissen haben. Aber scheißegal, ich habe nichts Illegales im Gepäck, nichts anzumelden, nichts zu verzollen.

Der Zollbeamte versucht, freundlich zu bleiben, und lässt sich nicht provozieren: »Aus welchem Land sind Sie angereist?«

»Ich komme aus Belgrad, das ist die Hauptstadt von Serbien, früher mal Jugoslawien.«

»Was haben Sie in Belgrad gemacht, was ist Ihr Beruf?«

»Das geht Sie eigentlich wirklich nichts an, ich bezweifle, dass ich Ihnen hierüber Auskunft erteilen muss. Ich verkaufe Flughäfen. Außerdem habe ich nichts zu verzollen.«

»Was machen Sie? Sie verkaufen Flughäfen?«

»Ja, mache ich; wenn es sein muss, sogar inklusive Zollkontrolle.«

»Was haben Sie in dieser Plastiktasche?«

Er deutet auf einen serbisch beschrifteten Beutel in meiner linken Hand.

»NICHTS!«

»Was heißt *nichts*, da ist doch eine Schachtel drin.«

»Warum fragen Sie denn, wenn Sie das ohnehin schon wissen?«

»Was ist in der Schachtel?«

»Sagte ich doch schon: NICHTS!«

»Bitte öffnen Sie die Schachtel.«

Ich lege die Schachtel, eine auf antik gemachte Holzbox mit hässlichen Messingbeschlägen, neben meinen Koffer und öffne den Deckel. Wie wahrheitsgetreu mitgeteilt ist nichts enthalten. Um weiteres Unheil zu vermeiden, versuche ich nochmals meinen Status zu erläutern: »Ich bin nicht rauschgiftsüchtig, ich rauche nicht, ich bin weder Dealer noch Schmuggler und ich habe definitiv nichts anzumelden.«

Er glaubt mir nicht. Er hält mich wohl für besonders dreist, aber nicht für ehrlich. Die leere Schachtel macht ihn sogar noch misstrauischer. Hier gilt offenbar die Schuldvermutung statt der Unschuldsvermutung. Beflissen beginnt der bayerische Beamte die Auspolsterung der Schachtel abzutasten.

Ich: »Das können Sie meinetwegen rausreißen. Alles Originalverpackung. Die zugehörige Schnapsflasche, ein Geschenk des montenegrinischen Verkehrsministers, habe ich wegen der Sicherheitsbestimmungen in meinen Koffer gepackt.«

Der Kontrolleur glaubt mir sicher kein Wort und fummelt weiter in der Schachtel herum. Heiß durchfährt ein fürchterlicher Gedankenblitz meinen Kopf: Was, wenn mir wirklich jemand was in diese Schachtel gesteckt hat? In Singapur steht darauf die Todesstrafe. Jetzt will der Schützer des Freistaates meine Schnapsflasche sehen: »Bitte öffnen Sie Ihren Koffer.«

Die Zahlen am Zahlenschloss sind so klein, dass ich vor der Öffnung erst mal meine Lesebrille aus meiner Aktentasche holen muss. Das weckt weiteres Interesse. Während ich das Schloss bediene, durchsucht der Beamte meine Aktentasche. Auch dort war außer einem Computer nichts zu finden. Also machen wir mit meinem Koffer weiter. Er gibt nicht auf.

In meinem Koffer befindet sich ein zweiter Computer.

»Haben Sie diesen Computer in Belgrad gekauft? Wieso brauchen Sie zwei Computer?«

Ich blicke ihn so verdutzt an, dass er sich die Antwort gleich selber gibt: »Warum sollten Sie einen Computer in Belgrad kaufen? Gibt es so was dort überhaupt?«

Er wühlt mit Gummihandschuhen geschützt in meinem Koffer herum, auch die Schnapsflasche kommt zum Vorschein. Ein Liter ist zollfrei, ich habe nichts zu befürchten. Jetzt wäre eine willkommene Gelegenheit für das Hervorkrabbeln von ein paar Kakerlaken, aber nichts rührt sich. Entweder ich habe keine in meinem Koffer oder sie wollen sich nicht zeigen. Absolut nichts Spektakuläres zu finden.

Ich muss noch eins draufsetzen: »Ich schreibe zurzeit ein Buch über mein Leben, ich werde Sie darin erwähnen.« Auch diese Anmerkung meinerseits bringt ihn offenbar nicht aus der Ruhe. Er antwortet unerwartet knapp: »Ich hoffe, wohlwollend.« Schließlich lässt er von mir und meinem Gepäck ab. »Danke, auf Wiedersehen.«

»Tschüss.« (Wiedersehen will ich ihn nicht mehr).

Was er nicht weiß. Ich habe ein paar Geschichten mitgenommen. Die kann er mir nicht nehmen, und die sind auch nicht anmeldepflichtig. Geschichten sind zollfrei. Auch bei der Einreise nach Deutschland.

Von: Joerg Eschenbach
Gesendet: Freitag, 24. Juli 2009, 17:59
An: Rivercamper-Fans
Betreff: Krankmeldung

Der Champ, frei nach Morgenstern

Ein Champ, vom heiligen Anton
bekehrt, beschloss, samt Haut und Haar
am vegetarischen Gedanken
moralisch sich emporzuranken

Er aß seit jenem nur noch dies:
Flussgras, Flussrose und Flussgrieß.
Doch Grieß, Gras, Rose floss, o Graus,
Entsetzlich wieder hinten aus.

Der ganze Fluss ward angesteckt.
Fünfhundert Fische sind verreckt.
Doch Sankt Anton, gerufen eilig,
sprach nichts als »Heilig! Heilig! Heilig!«

Von: Joerg Eschenbach
Gesendet: Samstag, 25. Juli 2009 11:24
An: Rivercamper-Fans
Betreff: Isarflimmern

Liebe Freunde,
Krankenliege. Ob's die Wildsau war? Wildsaugrippe, die höchst gefährliche bayerische Variante? Der Schutzpatron, der heilige Sankt Campus, stand mir bei. Wahrscheinlich überlebe ich.

Heftige Gewitter haben auch heute Nacht wieder Oberbayern erzittern lassen. Mein Körper zeigte sich weniger solidarisch und beschränkte sich auf Wasserabgaben mittels andauernder mächtiger Schwitzattacken. Warum das so sein musste, weiß ich nicht.

Zeit für die *Süddeutsche* (von gestern). Dass man dieses Blatt im Flugzeug nur unter äußerst erschwerten Bedingungen lesen kann, ist allgemein bekannt. Im Bett kann man das Ding aber auch kaum lesen, weil man diese Riesenzeitung auch mit gut ausgebildeter Oberarm- und Schultermuskulatur nicht lange halten kann. Die Lektüre muss auf die Überschriften reduziert werden. Und auf Stichworte wie Porsche, Wiedeking, Armstrong, Pauli, Isar. Unter der Überschrift »Zwei Teile Süße, drei Teile Säure« finde ich »Isarflimmern«:

2 cl Holunderblütensirup
2 cl Zitronensaft
¼ Apfel
5 Weintrauben

Alles im Shaker zerstampfen, 3 cl Rhabarbersaft mit Eis im Shaker schütteln und in ein Glas abseihen

3 cl Mineralwasser aufgießen, das Glas mit Eis und mit 3 cl Cranberrysaft auffüllen. Das war's, ich habe nichts vergessen.

Bei der Vorstellung, das trinken zu müssen, kündigt sich bei mir ein heftiger Rückfall an. Mit Herzflimmern. Leute, tut Euch das nicht an. Auch der Heiligsprecher Sankt Anton, gerufen eilig, spräch's nicht mehr heilig, heilig, heilig. Und trinken würde der das sowieso nicht.

Es grüßt Euch
Euer etwas geschwächter, entflohener Rivercamper
Jörg

Von: Joerg Eschenbach
Gesendet: Montag, 27. Juli 2009 21:40
An: Rivercamper-Fans
Betreffe: Überlebt

Hallo, liebe Fans,
hier schreibt Euer Rivercamper. Ich habe diese gemeine Attacke überlebt und war heute auch wieder bei der Arbeit. Den ersten körperlichen Belastungstest habe ich auch überstanden. Während eines abendlichen Ausrittes auf meinem Rennrad erlitt ich keinen Schwächeanfall.

Wenn ich nun mein Abendessen auch noch gut überstehe, bin ich nachgewiesenermaßen wieder uneingeschränkt einsetzbar:

Aperitif: Schneider Weisse, bleifrei

Vorspeis: Salat von zwei mittelgroßen salzburgischen Gartentomaten, verfeinert mit Meersalz südlicher Herkunft, Merlot-Traubenkernöl, Bordaux-Rotweinessig, Piri-Piri-Topping

Hauptspeis: knuspriges Ramsauer Almbrot aus dem Holzbackofen, beschmiert mit Berchtesgadener Bioalmbutter, dazu ein Stück vom Pinzgauer Almwiesenblumenkäs

Hernach: ein Stamperl montenegrinischen KPYHA und vielleicht noch eine leichte Schneider Weisse.

Da schaugts, gell?

Im Rivercamp gibt es heute, soweit ich die Lage überblicke, nichts Neues (aber ich überblicke die Lage nicht mehr).

Eine Handvoll neue Duschmarken mussten beigeschafft werden. Sauberkeit hat ihren Sauberkeitspreis. Mein Rennrad ist unter meinem Bett zugriffssicher verstaut (zumindest solange ich im Bett liege). Doch da ist noch was: Hat so ein koreanischer Chines, so ein ungezogener Lümmel, so ein schlitzäugiger, sich erdreistet, seinen gelben Korpus an meinem weißen Waschbecken zu säubern. Das hat sich, seitdem ich hier bin, noch keiner erlaubt. Obwohl es doch genügend andere Waschbecken gibt. Der hat eben von westlicher Rücksichtnahme und mitteleuropäischer Kultur überhaupt keine Ahnung.

Also, eine schöne Woche Euch allen, bleibt gesund!
Das wünscht Euch aus dem Rivercamp
Euer Rivercamper Jörg

Frau Holle

Montag, 27. Juli – Der Sommer protzt heute mit einem ungewohnt warmen und sonnigen Tag. Nach getaner Arbeit ergibt sich somit eine ideale Möglichkeit für eine Trainingsrunde auf dem Rennrad. So kann ich endgültig feststellen, ob ich die gesundheitliche Attacke der vergangenen Tage ohne Folgen überstanden habe. Seit einigen Wochen liebäugle ich mit einer Rennrad-Tour von Stuttgart nach München.

Wenn mein Körper wieder okay ist und das Wetter mitspielt, möchte ich diese symbolische Stuttgarter Verabschiedungsfahrt am Donnerstag und Freitag dieser Woche absolvieren. Das ist mein Wunsch. Also jetzt Testfahrt.

Unter meinem King-Size-Bett befindet sich ein von außen zugänglicher Stauraum, der ausreichend Platz für die sichere Aufbewahrung meiner Rennmaschine bietet. Inzwischen weiß ich auch, wo sich alle notwendigen Schlüssel und mein Work-out-Zubehör befinden.

So bin ich zügig sportgerecht verkleidet auf dem Sattel und trete flott gen Süden. Auf der Straße nach Wolfratshausen ergibt sich bald die erste Gelegenheit für einen, auch bei Rennrad fahrenden Amateuren üblichen, Wettbewerb. Zunächst unbemerkt hat sich ein Aspirant meinem Hinterrad genähert und klemmt nun dort in meinem Windschatten. Das kann ich definitiv nicht leiden, Unbekannte mag ich nicht ziehen. Ich erhöhe die Trittfrequenz, der Verfolger lässt sich nicht abschütteln. Wir kommen an eine kleine Steigung, jetzt werden wir ja sehen, wer mehr draufhat. Ich trete mächtiger an, als ich mir für heute vorgenommen hatte. Gegen Ende der Steigung taucht mein Verfolger aus meinem Windschatten und überholt mich. Nun versuche ich dranzubleiben, aber es gelingt mir nicht. Zu wenig »Schmalz«, zu wenig trainiert, vielleicht doch noch geschwächt oder zu alt, zu schwer oder eine Kombination von allem.

Genauso läuft das: Leise heranpirschen, unbemerkt ein, zwei Kilometer im Windschatten ausruhen, dann mächtig antreten und den Führenden so schnell überholen, dass dieser trotz einem sofort eingeleiteten Beschleunigungsversuch den Anschluss verliert und sich nicht in den Windschatten hängen kann.

Ich kehre zu meiner Trittfrequenz zurück. Nach ein paar Kilometern entdecke ich vor mir einen anderen Rennradfahrer. Das ist nun meine Gelegenheit. Ich pirsche mich heran und hänge mich im Windschatten an dessen Hinterrad. Ich muss hochschalten, das dabei entstehende Klick-Geräusch verrät mich viel zu früh. Der vor mir Fahrende versucht mich abzuschütteln, ich bleibe dran. Doch dann muss ich feststellen, wie seine hinteren Zahnkränze aus dem Naheinstell-Fokus meiner Augen entschwinden. Das war wohl nichts.

Kandidat drei und Kandidat vier gehören mir. Ich komme nach vorn und bleibe auch vorn, das erhöht mein Selbstwertgefühl mit sofortiger Wirkung. Sieg über einen Unbekannten, weil er weniger gut Rad fahren kann, zu wenig trainiert hat oder zu viel Gewicht auf seine Hochdruckreifen bringt. Besonders hochwertig ist der Sieg dann, wenn der Besiegte entweder ein paar Altersklassen niedriger eingestuft ist oder über so ein Super-Dream-Bike aus italienischer Manufaktur mit hochwertigsten Komponenten verfügt. Handgemachter Carbon- oder Titanrahmen von Tomaselli, Marinello, Toscanini, Puccini oder Berlusconi.

Deutsche Durchschnittsverdiener müssen dafür entweder monatelang arbeiten oder ihr Mittelklasse-Auto verkaufen. Im Münchner Süden ist das nicht so. Ein kleiner Teil einer kleinen Bonus-Zahlung ist völlig ausreichend. Um fünfzehn Kilo Übergewicht zu kompensieren, legt man für die zwei Kilo Gewichtsreduzierung der Rennmaschine schon gern mal ein paar Tausender drauf. Macht einfach mehr Spaß.

Im letzten Büchsenlicht erreiche ich das Einfahrtstor unseres Campingplatzes und rolle locker über die Strandallee zu meinem Riverhouse. Ich fühle mich fit für die große Ausfahrt, obwohl ich da durchaus Verbesserungspotenzial erkenne.

Der gemütliche Abendausklang wird überschattet von der mir selbst auferlegten Pflicht, den Haushalt nicht zu vernachlässigen, was mir zugegebenermaßen nicht wirklich Spaß macht. Die bescheidene Grundfläche meiner Behausung kommt dieser Neigung durchaus entgegen. Allerdings steht heute, völlig grundflächenunabhängig, das von mir absolut ungeliebte Bettenbeziehen an. Diese Unliebe ist wahrscheinlich auch die Ursache für meine Abneigung gegen frisch bezogene Betten. Glatt und kalt, im schlimmsten Fall sogar Aromastoffe abgebend. Strawberry Fields oder Apfelgarten.

Da stehe ich nun vor meinem Bett und beginne mit meinem Problem. So eine Scheißdecke in so einen unzugänglichen Überzug einzufüllen löst sogar bei mir, einem meist friedliebenden Menschen, Aggressionen aus. Ziehe ich links, ist die rechte Ecke weg, ziehe ich rechts, ist die linke weg. Schließlich bin ich selbst im Bettbezug verschwunden, um die Ecken zu platzieren. Auch ein Fehlversuch. Dann durchschießt mein Hirn ein genialer Lösungsansatz. Ich klettere auf das Dach meines Campers und schüttle die Decke in den Bezug. Wie Frau Holle. Einige Nachbarn tuscheln und blicken entgeistert zu mir herauf. Ich stehe fest und schüttle. Hoffentlich kommt niemand mit einem Sprungtuch. Wegen der hohen Temperaturen kommt es auch nicht zum Schneefall. Frischer Schnee aus frischem Bettbezug.

Currywurst-Tag

Dienstag, 28. Juli – Nachts Regen, morgens Regen, abends trocken. Das nutze ich für eine weitere kleine abendliche Trainingsausfahrt auf meinem Rennrad.

Die Belohnung ist eine magendliche Herausforderung. Heute muss sie her, die Currywurst mit Pommes. Lange habe ich darauf gewartet, und der Wirt hat dann auch noch vergessen, die Wurst meines Verlangens auf den Grill zu schmeißen. Ich bin geduldig und bekomme, was ich bestellt habe. Da liegt sie nun, die Currywurst. Hurry vor Curry!

Um es kurz zu machen. Grausig! Dieser Genuss reicht für Jahre. Wahrscheinlich träume ich viele Nächte von dieser Wurst. Wer die übersteht, braucht keine Rundumpräventivuntersuchung. Entweder man ist wirklich topfit und fühlt sich auch nach Einnahme noch sauwohl, oder man braucht binnen Kurzem einen Notarzt, vorzugsweise Rettungshubschrauber. Das Harlachinger (Krankenhaus) ist eh nicht weit.

Es gibt offensichtlich nur ganz wenige, die sich an so eine Wurst ranwagen. Während ich auf meine Gourmet-Wurst warte (und das ist wirklich lange) und während ich diese Wurst in mich reinwürge (rein, nicht raus, das musste ich meinem Organismus erst einmal beibringen), hat niemand von den 900 Bewohnern so 'ne Currywurst bestellt. Das blieb mir als Dienstältestem vorbehalten.

Schließlich muss ich wieder an meinen Notfallkoffer und die knappen Schnapsreserven anzapfen. Ich fühle mich heute Abend mehr wie Flusswurstl, nicht wie Rivercamper.

Countdown

Mittwoch, 29. Juli – Der Countdown läuft. Morgen will ich meine Radtour von Stuttgart nach München beginnen. Bei der Durchsicht meiner Checkliste habe ich festgestellt, dass da noch ein paar Besorgungen fällig sind. Ich nutze die Mittagspause und suche das per Internet schon vorsortierte Radsportgeschäft. Dort bekomme ich die Ersatzbatterien für meinen Multifunktions-Geschwindigkeitsmesser, eine neue Rückleuchte und ein Schächtelchen mit Flickzeug. Im Drogeriemarkt erstehe ich vorsichtshalber noch eine Tube Sonnenschutzmittel mit Lichtschutzfaktor 20. Infolge des bisher sonnenlosen Sommers sind meine Beine bleich wie Weißwürste und bedürfen daher besonderer Schutzmaßnahmen.

Der Abend gestaltet sich unter dem plötzlich entstehenden Zeitdruck etwas hektisch. Die Wettervorhersage für die nächsten beiden Tage lässt zwar kein sommerliches Traumwetter erwarten, aber mit sintflutartigen Regenfällen muss ich immerhin nicht rechnen. Kühl, sonnige Abschnitte, vereinzelt leichte Regenschauer. Genau das ist das Problem, in den kleinen Rucksack müssen zusätzlich zu Werkzeug und Wechselwäsche nun auch noch ein Hauch von Regenbekleidung und eine wärmende Jacke.

Ich überprüfe nochmals alle Funktionen an meinem Rennrad; leider helfen die neuen Batterien meinem Bordcomputer nicht wieder zurück ins Leben. Die Problemlösung muss ich nun auf Stuttgart verschieben. Eine kurze Probefahrt verbinde ich mit einem Check des U-Bahnhofes und der Abfahrtszeiten von Thalkirchen.

Nach meiner Rückkehr ins Camp versucht gerade ein neu angekommenes Camper-Paar seinen nagelneuen Dethleffs-Camper neben meinem Riverhouse einzuparken. Meine Hilfe wird sofort abgelehnt, sie haben schließlich einen Moover. Wow! Für Nicht-Camper: Das ist ein elektrobetriebenes Gerät, mit dem sich ein Wohnanhänger ohne Fahrzeug oder Manpower einparken lässt. Außerdem hat ihm seine Frau noch allerlei Anweisungen erteilt, die er jetzt zu befolgen hat. Ich wende mich ab und beschäftige mich wieder mit meinen Vorbereitungen für den morgigen Tag.

Endgültig packe ich nun meinen Rucksack, mixe meine Ausdauergetränke, schiebe noch etwas Luft in meine Reifen und mache mich schließlich auf zum Waschhaus. Zuerst Haare schneiden auf dem Kopf, dann Haare schneiden auf den Beinen. Duschen, eincremen, und die restlichen Punkte gemäß Checkliste.

In einer der Nebenduschen faselt jemand in Französisch. Beim Duschen Englisch zu sprechen finde ich schon reichlich überzogen, aber Französisch, das ist doch die pure Angabe. Glatt gereinigt trete ich vor die Kabine, da stehen nun einige mit Arschgeweihen bis hinauf zum Kopfhaar, eingewachsenes Zaumzeug an Lippen und Ohren und Löwenbräu-Hell in der Hand. Ich ergreife die Flucht; ein längerer Anblick könnte meinen dringend benötigten Schlaf stören.

Alles liegt bereit, der Wecker ist auf 5:00 Uhr gestellt. Jetzt muss ich nur noch schlafen.

Wallradfahrt, Teil 1

Donnerstag, 30. Juli 2009 – 4:45 Uhr, ich kann nicht mehr schlafen. Mein Vorhaben, mit dem Rad von Stuttgart nach München zu fahren, sorgt offensichtlich für eine gewisse innere Unruhe. Drinnen und draußen ist es dunkel und kühl. Keine Geräusche auf dem Dach, das heißt kein Regen. Das hört sich gut an, es kann losgehen, der geplanten Ausfahrt steht nichts mehr im Wege.

Zuerst der Gang durch das heute nicht regen- sondern nur taunasse Gras zur noch nächtlichen Wellness-Oase. Dieses Gras ist ein echter Muntermacher. Unerwartet vernehme ich beim Betreten des Waschhauses Geräusche. Ist da tatsächlich schon jemand vor mir aufgestanden und schon beim Waschen? Ich kann es nicht glauben. Irgendwo muss hier jemand sein. Ich sehe aber niemanden an den Waschbecken, auch die Duschkabinen sind alle unverschlossen.

Schnarcht hier jemand? Wo kommen denn diese Geräusche her? Ich checke die Toilettenabteilung. Tatsächlich, das Schloss der hintersten Toilettentüre zeigt rot an. Wer auch immer dort drinnen ist, er schläft tief und schnarcht. Entweder ist dieser Toilettenbesucher nach zu viel Biergenuss bei seinem nächtlichen, der Erleichterung dienenden Gang einfach eingeschlafen, oder der Gast hat diesen Aufenthaltsraum mangels Zelt oder Wohnwagen ganz gezielt als Nachtquartier aufgesucht.

Wie man auf einer dieser Toiletten sitzend schlafen kann, ist mir ein Rätsel. Die Sitzflächen sind so schmal, dass nach wenigen Minuten Aufenthalt die Blutzufuhr in die Beine unterbrochen wird. So besoffen könnte ich nicht sein, dass ich dort einschlafe.

Ich lasse den Schnarcher schlafen und werde nie in Erfahrung bringen können, wer sich in dieser Toilette niedergelassen hat.

Nach getaner Morgensäuberung mache ich mich auf den Rückweg und entdecke einen weiteren Schlafkünstler. Er sitzt hinter dem Steuer seines Wagens, die Fahrertüre leicht geöffnet, eine halb ausgetrunkene Halbe Bier auf dem Wagendach. Ob seine Freundin ihn aus dem Zelt geschmissen hat? Oder hat er im Frust die Flucht ergriffen? Soll ich ihn wecken und fragen? Ob der so früh am Morgen schon Spaß versteht? Ich zeige mich rücksichtsvoll, lasse ihn in Ruhe weiterschlafen und kehre zu Frühstück und Einkleidung in meinen Camper zurück.

5:40 Uhr, mein Spaß beginnt. Ich steige auf mein Fahrrad, die erste kurze Etappe zur U-Bahn-Station steht an. Noch ist es dämmerig; zur Sicherheit schalte ich meine, für den Betrieb in Deutschland nicht zulässige, jedoch hochwirksame, blinkende LED-Rückleuchte ein.

Keine Fußgänger, da kann ich sogar per Rad direkt in den U-Bahnhof einfahren. Beim Ticketautomaten halte ich an und vernehme Stimmengeräusche, weit und breit ist jedoch niemand zu sehen. Habe ich, kaum gestartet, schon Verfolgungswahn? Wer spricht denn da?

Ich entdecke eine Passbild-Kabine, der Vorhang ist geschlossen. Beim Näherkommen stelle ich fest, hier handelt es sich nicht um einen weiteren Schlafort eines möglicherweise Obdachlosen, sondern um die Stimme des Passbildautomaten. Irgendetwas wie: »Guten Morgen, ich bin Ihr Morgenfotograf.« Ich antworte nicht und rolle ohne Passbild und ohne irgendjemanden zu stören weiter bis auf den Bahnsteig. Das ist hier zwar aus sicherlich gutem Grund verboten, macht aber trotzdem Spaß. Außerdem bin ich heute Radfahrer, das heißt Verkehrsteilnehmer nach eigener Einschätzung. Je nach Vorteil gelten für mich entweder die Regeln für Fußgänger oder die für Kraftfahrzeuge, manchmal auch die für Radfahrer.

Zurzeit bin ich der Einzige, der hier auf die U-Bahn wartet. Von wegen Frühaufsteher, wo sind die denn alle? Nach einigen weiteren einsamen Warteminuten vernehme ich wieder Geräusche, diesmal ist es die Rolltreppe am anderen Ende des Bahnsteiges. Da kommt tatsächlich jemand über diese Treppe herunter, schleicht sichtlich unmotiviert bis zur Bahnsteigmitte und beginnt mit einem kurzen neugierigen Blick auf mein Fahrrad und auf mich sein morgendliches U-Bahn-Warten.

Mangels Alternative ergibt sich für mich die Gelegenheit einer genaueren Begutachtung, wobei ich meinen vorgefertigten Pauschalurteilen ungezügelten Lauf lasse. Dieser Warte-Typ ist seit 27 Jahren Sachbearbeiter im städtischen Beamtenstatus, unkündbar mit Anspruch auf vorzeitigen Pensionsantritt ohne Kürzung des monatlichen Zahlungsanspruches. Er fährt zur rechtzeitigen Informationsbeschaffung (Zeitung lesen) und zum Kaffeetrinken (gratis, das heißt ohne Kosten für ihn) bereits vor seinen Kollegen und Kolleginnen zu seinem Schreibtisch. Für dieses überdurchschnittliche Engagement bekommt er seit Jahren schon den mit drei Sonderurlaubstagen honorierten Stadt-Fleiß-Preis. Nach der Bearbeitung von zwei Sachanfragen Münchner Bürger, die er wegen der fehlerhaften Eintragung von Ziffern in der achten Nachkommastelle in Zeile 52 des Formblattes ByBa237 12 Lay XZ erfolgreich abgelehnt hat, wird er wie gewohnt pünktlich um 14:30 wieder mit der U-Bahn nach Hause fahren.

Die einfahrende Bahn beendet meine gedanklichen Denunzierungen. Ich schiebe mein Rad in das Bahninnere. Einige weitere Frühaufsteher haben bereits ihre Sitzplätze eingenommen und mustern mich mit kritischen Blicken. Eine Revanche lasse ich mir nicht nehmen und setze meinerseits die Betrachtungen fort, zunächst über meinen Stadtbeamten: frisches, nicht selbst gebügeltes, kurzärmeliges hellblau-weiß gestreiftes Hemd. Dunkle ausgebeulte Freizeithose. Schwarze, schlecht geputzte, gummibesohlte Schuhe. Sockenfarbe nicht identifizierbar. Dünne, durch fortschreitendes Alter reduzierte Haarreste in verschiedenen Grautönen. Nickelbrille aus einer Zeit, als Fielmann noch keine Brillen verkaufte. Vom Ablehnen der brav-bürgerlichen Anträge schmal gewordene Lippen, hinter denen ein Kaugummi, heimlich und verstohlen gekaut, Ablehnung gegen das Establishment demonstriert. Revolutionskaugummi mit 57.

Eine Sitzbank weiter: Vokuhilaoliba (vorne kurz, hinten lang, Oberlippenbart), blond, Muscle-Shirt mit deutlichem Biermuskel bestückt (entsteht nach jahrelangem Biergenuss ohne Ausgleichstraining). Dicke goldfarbene Halskette, ausgetretene Sportsandalen. »Sendlinger Tor, Umsteigemöglichkeit zur U1 und U2, Richtung Hauptbahnhof, tönt es aus dem Lautsprecher. Hier muss ich raus. Ende der Betrachtungen.

Die nächste U-Bahn ist schon deutlich voller. Wahrscheinlich ist die Mitnahme von Fahrrädern um diese frühmorgendliche Rushhour bereits nicht mehr zulässig. Aber immerhin, ich habe ein spezielles Fahrrad-Ticket gelöst. Am Hauptbahnhof, ohne Kontrolle und Zwischenfragen angekommen, trage ich mein Fahrrad die Treppen zu den Bahnsteigen hoch. Radfahren ist hier leider nicht mehr möglich. Ich stehe vor der großen Anzeigetafel und suche. Irgendwo steht wahrscheinlich auch mein Zug, nur auf der Tafel steht er nicht. Mehrere Rückfragen beim spärlich anzutreffenden Bahnpersonal führen mich schließlich auf den rechten Weg zum richtigen Zug. Im speziellen Fahrradwaggon nehme ich Platz und freue mich auf eine ruhige, gemütliche Fahrt nach Stuttgart.

»Sie, da is reserviert. Für uns. Da kommen no fünfe.«

»Tut mir leid, Entschuldigung.« Widerspruchslos setze ich mich in eine andere Reihe.

»Do! Oana mit am rotn Kappl, der hot mi no kennt. Neun Johr is des jetzt her.«

Die Rentner-Radler-Gruppe vervollständigt sich. Der Teamleader outet sich unüberhörbar als Münchner Bahnpensionist. Seine frühmorgendlichen Kommentare beziehen sich zunächst auf seine Anreise zum Bahnhof, dann auf die fehlenden Informationen auf der großen Anzeigetafel und schließlich auf die Auskünfte des Bahnpersonals.

»In letzter Zeit ist alles entartet.« Eventuelle Stellungnahmen seiner Mitreisenden kann ich nicht vernehmen.

»Ein Brechmittel!« Er spricht von einem Mitglied der Strauß-Familie.

Infrastruktur, Familienpolitik, das Bahnprojekt »Stuttgart 21«, Manager, Sport, nichts, was er nicht lautstark, Bild-Zeitungsgetreu kommentiert. Dann spricht er auch noch italienisch, allerdings in einer für Italiener sicherlich völlig unverständlichen Aussprache. Das nervt höllisch. Ich hoffe dringend darauf, dass die Gruppe in Augsburg aussteigen wird.

Leider irre ich mich. Gemeinsam geht es weiter.

7:43 Uhr. Wir fahren durch Burgau. Mein heutiges Etappenziel von Stuttgart aus. Wann werde ich wohl wieder hier sein?

»Bist du katholisch oder gar nix?«, fragt er einen seiner Mitreisenden. Die offensichtlich in normaler Lautstärke vorgenommenen Antworten verstehe und vermisse ich nicht.

»A, sog amoi. Mir san imma zum Beichtn ganga, Stephanskirchen. Hot si aufghört.«

»HALT ENDLICH S'MAUL!« , hätte ich gerne laut und deutlich gesagt, aber mein morgendlicher Anstand verbietet mir eine solch klare Aufforderung.

Auch in Ulm steigen sie nicht aus.

»Jetzt sans am Überlegn, obs die bayrischn Weißwürscht wieder abschaffn. Die Haut! Woaßt du, wo die her is, die Haut? Aus China, weils billiger is.«

»Ja, Herrgott, dann friss halt keine Weißwürscht«, entfährt es mir unkontrolliert, aber nicht laut genug, um Widerspruch zu erregen.

Auffallend langsam fahren wir die »Geislinger Steige« hinunter.

»Des is so was von peinlich.« Er meint die seit hundert Jahren bestehende Langsamfahrstrecke zwischen Ulm und Stuttgart und hat ausnahmsweise einmal recht.

Ich mag nicht mehr Zug fahren und träume von meinem Fahrrad.

»Königreich Württemberg. Des wor amoi. Gibts schöne Silbermünzen.«

Bahnhof Süßen.

»Da Schlüssl muss am Körpa tragn wern.« Kommentar zu einem Radfahrer, der am Bahnhof gerade sein Fahrrad ankettet.

Bahnhof Göppingen.

»Die kannt jo a a Radl nehma.« Kommentar zum Dienstwagendiebstahl während des Spanien-Urlaubs von Gesundheitsministerin Ulla Schmidt.

Einer der Rentner-Kollegen, der nicht so aussieht, als ob er einen Kilometer Radfahren ohne Zwischenrast überstehen könnte, trinkt bereits seine erste Löwenbräu-Halbe aus der Dose. Die zugehörige Leberkäs-Semmel liegt noch unangebissen in einer Papiertüte vor ihm. Na denn Prost und guten Appetit.

Zu meiner Erlösung fährt der Zug ohne Verspätung in den Stuttgarter Hauptbahnhof ein. Ich ergreife zuerst mein Fahrrad und dann die Flucht. Mögen mir weitere Reisebegleiter dieser Art erspart bleiben. Ich hätte nie gedacht, dass mich noch vor Beginn meiner Wallradfahrt von Stuttgart nach München gerade eine bayerische Radfahrergruppe so nerven könnte.

Das letzte Teilstück meiner Anreise zu meinem Startpunkt in Stuttgart-Degerloch überwinde ich mit der S-Bahn. Wieder bin ich nicht der einzige Fahrgast mit Fahrrad an der Hand. Neben mir ein Schwabe undefinierbaren Alters in Klamotten, die ich der Kleiderspende nicht mehr zuführen wollte. Sein Fahrrad ist noch beweglich, auch wenn es nicht so aussieht. Der Gepäckträger ist mit allerlei Gartengerät vollgepackt. Der Radbesitzer grüßt sehr freundlich, so von Radfahrer zu Radfahrer. Entweder ist er knapp bei Kasse und muss für 8 Euro die Stunde in einem fremden Garten malochen oder, was wesentlich wahrscheinlicher ist, er gehört zur stinkreichen Schwabensorte, ausgestattet mit reichlich Grundstücken, auf schwäbisch: »Stückle«, am Stuttgarter Stadtrand.

Endlich erreiche ich Degerloch. Seit vier Stunden bin ich nun schon unterwegs und habe mich dabei von meinem Ziel ständig nur entfernt. Bevor ich nun jedoch starten kann, muss ich noch ein technisches Problem lösen. Meine Geschwindigkeitsanzeige inklusive Kilometerzähler funktioniert nicht; so kann ich nicht Rad fahren. Leider konnte ich dieses Problem in München nicht mehr lösen. Aber für meine Motivation während der Fahrt brauche ich unbedingt Informationen über Geschwindigkeit, Durchschnittsgeschwindigkeit und zurückgelegte Kilometer. Also schwinge ich meinen Körper auf mein Rad und nehme die Fahrt zum vor einigen Monaten umgezogenen Fahrradladen auf. Dort, wo ich ihn erwarte, ist er aber nicht. Ich versuche es in der nächsten Parallelstraße. Fehlanzeige. Nichts. Noch eine Runde, vielleicht habe ich den Laden übersehen. Nein, definitiv, hier ist er nicht. Ich befrage eine Hausfrau auf Einkaufstour. »Nein, tut mir leid. Da kann ich Ihnen nicht helfen. Ich fahre nicht Rad.«

Aber der Laden muss hier irgendwo sein, ich weiß es. Ich fahre an eine Tankstelle. Ein Polizist ist gerade dabei, seinen blausilbrigen Dienstwagen zu betanken. Der muss das doch wissen. »Nein, ich kann Ihnen nicht helfen, ich bin ganz neu hier im Revier.«

Soll ich wirklich ohne Geschwindigkeitsmesser starten? Ich gebe nicht auf und befrage den Tankwart hinter der Kasse. »Fahrradgeschäft, ja, gibt es. Die sind umgezogen. Hier irgendwo, aber ich weiß es nicht genau.« Dann mischt sich glücklicherweise eine freundliche Autofahrerin ein, die zum Zahlen in den Tankstellen-Shop gekommen ist. »Das Fahrradgeschäft. Ja klar. Ist gleich um die Ecke in der Parallelstraße.«

Nach einer Fahrminute stehe ich vor dem Laden. Geschlossen. Geöffnet ab 10:00. Es ist bereits wenige Minuten nach zehn. Ich beschließe zu warten und werde bald belohnt.

Ein Mitarbeiter kommt per Fahrrad und schließt die Ladentüre auf. Mein Geschwindigkeitsmesser ist defekt und muss ersetzt werden. Auswahl, Montage und Zahlung nehmen weitere zwanzig Minuten in Anspruch, die ich ungeduldig überstehe. Pünktlich um 10:30 verlasse ich den Laden und starte meine Fahrt nach München. Endlich. Die Sonne scheint gnädig auf mich herab, allerdings bläst ein kühler Wind von Osten. Ich muss also wieder einmal gegen den Wind fahren.

Mein eigentlicher Startpunkt, die Adresse unseres ehemaligen Stuttgarter Wohnsitzes, ist in wenigen Minuten erreicht. Ich bremse ab, blicke nach rechts und nach links, kann keinen der Nachbarn erspähen, will aus Zeitgründen nicht an den Haustüren klingeln, rolle weiter und denke zurück an unsere Zeit hier im höchsten Stuttgarter Wohngebiet am Fuß des Fernsehturms. Wir hatten eine tolle Nachbarschaft. Vielleicht hätte ich doch klingeln sollen? Die Überraschung wäre sicher gelungen. Aber ich will meinen ohnehin verzögerten Start nicht durch eine Pause noch weiter verzögern.

Über ein paar Anliegerstraßen und für den Straßenverkehr gesperrte Wege erreiche ich einen großen Verkehrsknotenpunkt. Mangels Radweg muss ich an einer Ampel zurück auf die Straße. Das bringt mir die erste böse Hupattacke inklusive manueller Drohung eines Kleinwagenrentners ein, den ich bei seiner Fahrt weder gefährde noch behindere.

Durch die südlichen Stadtrandbereiche kämpfe ich mich, ständig durch rote Ampeln behindert, neben heftigem Straßenverkehr am Straßenrand entlang und über abschnittsweise vorhandene Radwege ostwärts. Abnehmende Ortskenntnisse und unvollständige Beschilderung erschweren zunehmend meine Orientierung. Ständig muss ich kurz anhalten und meine Kartenkopie einsehen, um dann zu rätseln, welche der nicht eingezeichneten Ortsumgehungen in welche Richtung führen. In Anbetracht der Strecke, die noch vor mir liegt, versuche ich jeden Extrameter zu vermeiden. Wenn ich von einem Rad- oder Fußweg auf die Straße zurückkomme, werde ich von weiblichen und männlichen Autofahrern wild hupend und gestikulierend begrüßt. Mangels Hupe kann ich mich nicht entsprechend revanchieren.

Dann vor mir die erste längere Steigung. Ich flüchte auf einen parallel verlaufenden landwirtschaftlichen Weg, dessen Befahrung außer mit kräftig subventionierten Traktoren der Superklasse möglicherweise auch mit einem Fahrrad zulässig ist. Die Benutzung ist wegen der Verschmutzung zwar unkomfortabel, aber wegen Fehlens weiterer Verkehrsteilnehmer sicherer als die Ortsverbindungsstraße.

Oben auf dem Hügel angekommen entdecke ich einen verwaisten Spargelverkaufsstand, den ich sofort als Raststation wähle. Leider gibt es keine Ruhebank, und einigermaßen windstill ist es auch nur auf der sonnenabgewandten Seite. Trotzdem fülle ich meine Energiereserven mit zwei Superriegeln und mit Flüssigkeit aus meiner isotonisch aufgeladenen Trinkflasche. Ein kurzer Blick auf die Karte, und weiter geht die Reise auf der Straße nach Osten.

Ich nähere mich den Höhenzügen der Schwäbischen Alb. Wo ist Ohmden? Wo Bad Boll? Der geplante Weg ist wegen einer Baustelle gesperrt. Ein paar lieblos und offensichtlich hirnlos aufgestellte Umleitungsschilder führen eindeutig in die falsche Richtung. Wieder muss ich anhalten und meine Karte studieren. Der Unterschied zwischen Theorie und Praxis ist dabei klar ersichtlich; die eingezeichneten Straßen gibt es nicht oder nicht mehr. Hätte ich mir nur so ein GPS-Gerät gekauft und an den Lenker montiert. Einige Zusatzmeter bringen mich wieder auf den rechten Pfad zurück. Wo bitte geht es hier nach Gammelshausen? Mein körpereigener Kompass gibt mir die richtige Peilung. Gammelshausen liegt am Fuß der Hochalb, wenige Kilometer nördlich der Autobahn Stuttgart – München. Hunderte Male bin ich hier in meinem Auto bereits vorbeigebrettert, doch Gammelshausen blieb mir bisher verborgen. Kein Ort, um auf einem Rennrad herumzugammeln, denn hier geht es steil bergauf.

Um sicherzugehen, dass ich nicht den falschen Albaufstieg wähle, halte ich kurz an und frage den einzigen weit und breit sichtbaren Menschen, ein junges Mädchen, das wahrscheinlich gerade von der Schule nach Hause strebt: »Hallo, bin ich hier richtig nach Bad Dietzenbach?« Das Mädchen lächelt verlegen und freut sich offensichtlich über die Unterbrechung ihres Gammelshausener Routine-Heimweges. »Ja, stimmt. Hier sind Sie richtig. Viel Spaß noch.«

Kurz darauf stellt sich der Spaß auch schon ein, steile Straße, viel Verkehr. Vielleicht hat die junge Gammelshausenerin deshalb so gelächelt. Aus Mitleid, nicht aus Schadenfreude.

Dennoch, endlich geht es richtig bergauf. Leider hat sich die zeitweise sichtbare Sonne endgültig verabschiedet, ein kühler, feuchter Wind bläst über die Alb herunter. Aufwärts fahrende Lkws hüllen mich in Dieselwolken. Pkws überholen mich in unübersichtlichen Kurven und drängen mich Richtung Straßengraben. Nach ein paar Kilometern erreiche ich eine Anhöhe, dann geht es entlang von Rinderweiden wieder leicht bergab. Meine Geschwindigkeit reicht locker aus, um ein vor mir fahrendes landwirtschaftliches Fahrzeug zu überholen.

Bad Dietzenbach. Hinein und gleich wieder hinaus. Erneut geht es bergauf. Der Albaufstieg Teil 2. Der Verkehr hat jetzt deutlich abgenommen, die Straße gehört nun mir.

Weder Orientierungsfragen noch Verkehrsbedrohungen lenken mich ab. So kann ich mich ganz auf meinen Vortrieb konzentrieren. Ich trete aufwärts. Gleichmäßig und rund kurble ich die Pedale. Das Tempo ist meinem Amateurstatus angepasst. Der Puls steht bei 130 Schlägen, geschätzt, weil ohne Brustgurt. Gedanken durchziehen mein ausreichend mit Sauerstoff versorgtes Gehirn. Ich komme aus Stuttgart. Dort startete ich 1954. Nach qualvollen Wochen entließ meine Mutter in einer Stuttgarter Klinik zuerst mich und eine Stunde später meine Zwillingsschwester in die Welt. Es geschah an einem nasskalten, nebelverhangenen Novembertag. Meine Mutter, als Österreicherin mit Heimweh in Stuttgart, Qualen und November: in der Summe keine glückliche Fügung für die Qualität meiner Beziehung zu Stuttgart. Die Geburtsqualen waren vorbei, die November blieben grau, das Heimweh blieb. Dieses Heimweh nach Österreich oder zumindest nach den Bergen wurde mir von meiner Mutter wahrscheinlich genetisch weitergegeben.

Dann folgten die wenig erfreulichen Erlebnisse der Erziehungsperioden. Eingesperrt in den Heizungskeller der »Spitalschule« in Leonberg bei Stuttgart, schrieb ich mit sechs Jahren 500 Mal auf die Rückseite überzähliger Wahlscheine: »Ich darf nicht schwätzen.«

Das wiederholte sich mehrmals mit unterschiedlichen, stets schwachsinnigen und grammatikalisch fragwürdigen Textvorgaben. Meine Zwillingsschwester wartete so lange vor der verschlossenen Kellertür, so konnte ich weiterem Ungemach, das zu Hause drohte, entgehen. Dies waren meine ersten Konfrontationen mit der deutschen Sprache und mit Vorgesetzten. Auch das keine glückliche Fügung. Noch heute denke ich beim Betreten von Heizungskellern an Wahlzettel und beim Ausfüllen von Wahlzetteln an Heizungskeller. Sprache dient der Kommunikation und nicht der

Bestrafung. Lehrer empfand ich als Vorgesetzte, und Vorgesetzte mochte ich schon damals nicht.

Die Steigung nimmt ab, ein Ortsschild taucht auf. Aufhausen. Welch passender Name. Hier oben ist es Ende Juli novemberlich trüb und kühl. Eine kleine heiße Mittagssuppe wäre nun willkommen, aber leider kann ich keine Suppenausgabe erkennen. Also weiter. Neuer Ort, neues Glück. Sechs Kilometer bis Nellingen. Tatsächlich, dort finde ich das ersehnte Gasthaus, mittendrin, am linken Straßenrand. Während ich mein Rad am Geländer der Gästeterrasse festbinde, verlassen zwei Radler satt und zufrieden den gastlichen Hort. Ich trete ein und grüße. Keine Antwort. Ich grüße nochmals und setzte mich an einen der Tische. Außer mir keine Gäste, und auch sonst niemand zu sehen. Schließlich höre ich Schritte aus Richtung der Küche.

Der Wirt kommt in die Gaststube »Mir hän scho gschlossa.«

»So, aber die Tür war noch offen.«

»Aber mir hän nix mä zum Essa. Die Kich isch scho zua.«

»Das ist aber echt schade. Haben Sie nicht wenigstens eine heiße Suppe für einen einsamen Radfahrer.«

Der Wirt denkt nach. Ein gutes Zeichen.

»Maultaschasupp.«

»Klar, gerne. Und einen Apfelsaft mit Mineralwasser, bitte.«

Kommentarlos dreht er Richtung Küche ab.

Wenig später stehen ein lauwarmer Suppenteller und ein eiskaltes Getränk vor mir. Der Gastraum ist nicht beheizt, meine Bekleidung ist nass, mich fröstelt. Ich beeile mich, um nicht zu erfrieren und um dem armen Wirt nicht noch mehr von seiner kostbaren Freizeit zu rauben, und löffle die völlig zerkochte Maultaschensuppe zügig in mich hinein. Um ein paar Euro leichter und um eine Suppe schwerer, verlasse ich nach wenigen Minuten das Gasthaus mit dem festen Vorsatz, nie wiederzukommen. Der Wirt hatte recht: »Mir hän nix zum Essa.« Aber ich wollte ihm nicht glauben.

Die von mir gewählte, möglichst direkte West-Ost-Verbindung führt mich überraschenderweise wieder heftig bergab. Mein Geschwindigkeitsmesser zeigt mehr als 70. Nach dieser rauschenden Abfahrt treffe ich auf die Bahnlinie München-Stuttgart, hier war ich heute schon einmal und träumte von meiner Rückfahrt, die genau genommen keine Rückfahrt sondern eine Fortfahrt ist. Fort von Stuttgart. Diesmal wohl endgültig, Rückkehr ausgeschlossen.

Nun geht es wieder leicht bergauf, zunächst entlang der Bahn, dann wieder einsamer durch Felder und Wälder. Sonnenstrahlen leuchten durch ein paar Wolkenlücken, dennoch ist es für diese Jahreszeit viel zu kühl. Immerhin blieb mir die erstaunlichste Wettererscheinung dieses Sommers erspart. Keine Dauerschauer.

Kurz vor der Überquerung der Autobahn Ulm-Würzburg erreiche ich meine heutige 100-Kilometer-Marke. Meine Flüssigkeitsvorräte im Körper, am Rad und im Rucksack sind aufgebraucht, ich brauche dringend eine Tankstelle. Vor der Einfahrt nach »Langenau« werde ich fündig und erstehe ein Cola und einige zuckersüße Schokoladenriegel. Während die motorgetriebenen Straßenfahrzeuge mit Benzin oder Diesel befüllt werden, wird mein Körper nun mit den totalen »Zucker-Pushern« aufgefüllt. Das sollte für die restlichen 30 Kilometer reichen.

Mein Körper meldet Sättigung: »Es reicht, es reicht.«

Während der Weiterfahrt gibt nur Günzburg nochmals ein Orientierungsrätsel auf. Dank eines Vorgarten-Apfelpflückers mit Migrationshintergrund kann auch dieses Rätsel gelöst werden. Nach einer Stunde treffe ich glücklich in Burgau ein. Zur vorbestellten Unterkunft »Pension Agnes« geht es nochmals kurz und steil bergauf. Das reicht jetzt. Für heute bin ich lang und weit genug auf dem Rad gesessen. Jetzt stehen Ruhe und Körperpflege an.

Glücklich beziehe ich mein mit dem Notwendigsten ausgestattetes Einzelzimmer im ersten Stock der benachbarten Dependance. Im Erdgeschoss ein Ristorante. Alles, was ich brauche, ist nun unter einem Dach: Dusche, Bett, Stuhl, Schrank, hausgemachte Pasta und frisches Weißbier. Mein riesiger Hunger treibt mich nach dem Duschen gleich zu Pedro, dem Ristorante-Besitzer.

»Ab wann gibt es was zu essen?«

»Sofort.«

Welch eine glückliche Antwort. Ich nehme umgehend im sonnigen Gastgarten Platz und bin wieder der einzige Gast, was wahrscheinlich an der nachmittäglichen Uhrzeit liegt. Mein Traum vom frischen Weißbier wird schnell wahr. Mit viel Vorfreude lese ich die Speisekarte. Zur Wiederauffüllung der Energiereserven bestelle ich Rindercarpaccio und eine Familienportion Pasta. Alles wird zügig aufgetragen und von mir zügig zur weiteren Verwertung meinem Magen zugeführt.

Ich bin zufrieden. Exakt 130 Kilometer mit einem Schnitt von 27 km pro Stunde bei heftigem Gegenwind, reichlich Steigungen und häufigen Orientierungsstopps, Durst gelöscht, richtig satt, die Sonne scheint.

Zur Lockerung meiner Muskulatur schließe ich einen kleinen Stadtspaziergang an. Burgau ist nur deshalb so bekannt, weil nach diesem Städtchen eine Autobahnausfahrt benannt ist. Und den Namen dieser Ausfahrt hört man wöchentlich mehrmals über die Verkehrsnachrichten jedes süddeutschen Radiosenders: »Fußgänger auf der Fahrbahn, Tiere auf der Fahrbahn, liegen gebliebener Lkw, 6 Kilometer Stau zwischen den Anschlussstellen Burgau und Günzburg.«

Bisher bin ich an diesem Ort immer nur vorbeigefahren; sehr viel gibt es auch tatsächlich nicht zu sehen. Ein paar Kneipen, auffallend viele verlassene und damit leer stehende Gebäude, aber auch einige renovierte Fassaden und ein eindrucksvolles Stadttor, das ich jetzt in meiner Radkluft durchschreite. Heftig läutende Kirchenglocken machen mich neugierig. Hinter dem Stadttor steht eine riesige Kirche. Etwas verunsichert wegen meiner kurzen Radhose und meiner klappernden Radschuhe öffne ich die mächtige Kirchentüre. Meine Mütze habe ich anstandshalber schon abgenommen. »Ups«, entfährt es mir, hier findet gerade eine Messe statt.

Ich schiebe mich in eine der hintersten Sitzbänke. Mein Kircheneintritt wird mit einigen scharfen, rückwärtsgerichteten Blicken der weit vor mir Sitzenden bestraft. Während des wenig erhebenden Orgelspiels zähle ich Gottes brave Schäfchen. Auf mindestens 500 verfügbaren Plätzen sitzen 14 Witwen und drei Witwer, ein Priester, ein Orgelspieler und ein Radfahrer auf Wallradfahrt.

Der Priester kündigt ein Lied an. Ich schlage eines der bereitgelegten Gesangbücher auf, kenne weder Text noch Melodie und verzichte darauf, mitzusingen. Der Priester spricht. Die Orgel spielt erneut. Die Gemeinde singt ein weiteres klägliches Klagelied. Mich fröstelt. Zum Schutz der Gesundheit des Wallfahrers trete ich mit weiteren Strafblicken gesegnet aus der Kirche wieder aus und suche zur Wiedererwärmung die letzten göttlichen Sonnenstrahlen.

Wieder leicht erwärmt kann ich eine bereitstehende Eisdiele nicht umgehen.

»Zwei Kugeln bitte. Nougat und Stracciatella.«

Die Kugel sind größer als empfehlenswert, aber kohlenhydratreich, je Stück ausreichend für 10 Kilometer Vortrieb.

Während der ersten Anzeichen der Abenddämmerung vertraue ich bereits auf ausreichend Müdigkeit und freue mich darauf, mich umgehend hinzulegen. Das Bett ist kurz, der Schlaf sollte umso länger sein. Von der Italienküche ziehen verschiedene Gerüche durch das offene Fenster über meine Bettstatt. Das kann mich nicht mehr ablenken, ich bin satt und schlafe ein.

Wallradfahrt, Teil 2

31. Juli 2010 – Sicherheitshalber habe ich die Weckfunktion meines Mobiltelefons aktiviert. Ich hätte allerdings darauf verzichten können, längst vor dem Klingelton erwache ich in Vorfreude auf die heutige Fahrt. Frühaufstehen für sportliche Aktivitäten fällt mir wesentlich leichter als Frühaufstehen für frühmorgendliche Abflüge.

Mein erster Blick gilt dem Himmel. Bedeckt, aber trocken. Bereits vor der offiziellen Zeit sitze ich in dem kleinen, aber bereits eingedeckten Frühstücksraum. Kleines Müsli, Weißbrot, Honig und Tee. Das muss für die erste Hälfte der Strecke reichen. Beim Müslilöffeln durchziehen einige fundamentale Fragen meine morgendliche Gedankenwelt.

Wie werde ich heute auf dem schmalen schwarzen Sattel sitzen?

Bleibt das Wetter zumindest niederschlagsfrei?

Wie komme ich mit der heutigen Etappe, voraussichtlich wieder 130 Kilometer, zurecht?

Reicht meine Kraft bis nach Thalkirchen?

Ich beantworte alle Fragen positiv.

Klar, was sollen denn diese Fragen überhaupt?

Überraschenderweise tauchen einige weitere Radfahrer und Radwanderer am Frühstücksbuffet auf, für die ich aber nur einen flüchtigen Morgengruß parat habe. Keine Zeit für Konversation. Ich gerate in Eile. Nicht dass ich tatsächlich unter Druck wäre, aber ich will jetzt weg, zurück auf die Straße. Ich bezahle mein Zimmerchen, hole mein Rad aus dem Heizungskeller, schwinge mich auf den Sattel und beginne den zweiten Teil meiner Wallradfahrt.

Die beschaulichen Sträßchen von Burgau liegen nach wenigen Minuten hinter mir. Auf der Umgehungsstraße gerate ich in heftigen Berufsverkehr, leichter Nieselregen setzt ein. Den heutigen Start hatte ich mir anders vorgestellt, Hochstimmung kommt nicht gerade auf.

Ich biege nach Süden ab. Durch die sogenannten »Westlichen Wälder« will ich dann weiter nach Osten und danach Augsburg südlich umfahren.

Vor der Überquerung der Autobahn Stuttgart – München schleudert greller mehrtöniger Fanfarenklang von hinten an meine Ohren. Dann folgt mit deutlich überhöhter Geschwindigkeit ein Fahrzeug, dessen Fahrer mich mit drohenden Gebärden darauf aufmerksam machen will, dass seit 50 Metern ein parallel zur Straße verlaufender landwirtschaftlicher Weg auch mir als Fahrweg dienen muss. Um weitere Gefährdungen meiner Person zu vermeiden, wechsle ich sofort über einen Grünstreifen auf diesen Weg. Nach 100 Metern ist der Sicherheitsstreifen schon wieder zu Ende.

An einem Kreisverkehr muss ich zurück in den Korridor der Lebensgefahr. Radfahrer sind in dieser Gegend nicht besonders beliebt. Man überholt mich mit Minimalabstand, hupt mich an, zeigt mir Fäuste und verschiedene Finger. In Ziemetshausen gelingt mir endgültig die Flucht vor diesen wenig freundlichen Verkehrsteilnehmern. Wahrscheinlich ärgern sie sich, weil ich an einem Freitagmorgen schon auf meinem Rennrad sitze und sie noch ihren Pflichten nachgehen müssen.

Ich lege eine kleine Rast ein und telefoniere für einen Morgengruß und für die Abgabe einer Standortmeldung mit Andrea. Ihre Sorgen kann ich zerstreuen.

»Mir geht es gut, das Wetter ist noch akzeptabel. Ich schaff das schon.«

Aber München ist noch weit, und jetzt geht es erst einmal alpenmäßig steil bergauf. »Maria Vesperbild«, ein Wallfahrtsort zu meiner Linken. Der gestrige Kirchgang muss reichen, ich fahre weiter himmelwärts. Diese westlichen Wälder haben einiges zu bieten, rauf und runter, hin und her und in den Ortsdurchfahrten ultragefährliche Mütter, die ihre Kinder gerade in den Kindergarten oder in die Schule fahren und anschließend mit anderen rasenden Müttern Tennis spielen werden. Vorsicht vor fahrenden Müttern in Mickhausen! Die haben es extrem eilig, ignorieren schon mal die Vorfahrtsregeln, überholen Radfahrer auch bei Gegenverkehr oder drängen sie gleich in den Grünstreifen ab, gnadenlos. Und geben dann noch bösartige Handzeichen. Auch diese Wälder habe ich mir gemütlicher vorgestellt.

Nach reichlich Anstiegen freue ich mich schon auf eine lange Abfahrt in die Ebene des Lechfelds, aber die Abfahrt ist leider nur eine kurze, und dann bin ich auch schon unten. Schade.

Die Ebene des Lechs empfängt mich mit heftigem Gegenwind. Warum habe ich nicht den Komfort des Rückenwindes? Meistens blasen die Winde doch von Westen, warum gerade gestern und heute von Osten? Ich hadere mit meinem Schicksal und fluche völlig sinnlos gen Osten.

In Mering stoße ich auf eine völlig neu errichtete unüberwindliche Stadtmauer, aufgestellt von der Deutschen Bundesbahn. So kann der Lärm der Unterstadt nicht in die

Oberstadt dringen. Genau genommen handelt es sich um die Lärmschutzwand der für Hochgeschwindigkeit ausgebauten Bahnstrecke Augsburg – München.

Wie eine Maus auf der Flucht vor der Katze rase ich vor dieser Schallmauer hin und her und kann das Fluchtloch nicht finden. Schließlich gelingt mir dann doch ein Vorstoß in die Innenstadt. Dort werde ich mit dem Blick auf einige Gasthäuser belohnt, die ihre Gäste unter freiem Himmel bewirten. Tatsächlich, die Sonne ist hervorgekommen, schnell bin ich überzeugt, dass auch ich mich hier niederlassen will. Gedacht, getan. Großartig, ich sitze mitten im Sommer im Freien und bestelle ein Weißbier (alkoholfrei) und eine Flädlesuppe. Beides tut gut. Der weiteren Wegstrecke sehe ich mit Zuversicht entgegen.

Bei der freundlichen Bedienung hole ich mir noch den richtigen Tipp für meine Weiterfahrt nach Meringerzell. Mit Weißbier und Suppe im Bauch fällt mir die Befahrung der völlig überflüssigen, gleich im Ort beginnenden Auffahrt schwer. Das Fehlen jeglichen Autoverkehrs und das Vorhandensein von Sonnenstrahlen stimmen mich trotzdem friedlich. Wenn ich noch überflüssige Luft hätte, würde ich jetzt ein schönes deutsches Wanderlied pfeifen. Aber die Luft brauche ich für meine Sauerstoffversorgung, die Pfiffe müssen entfallen.

Weiter geht es durch reife Getreidefelder und allerlei nette Dörfchen. In Mammendorf treffe ich auf die viel und schnell befahrene Bundesstraße von Augsburg nach München. Glücklicherweise führt dort ein richtiger Radweg entlang. Der Gegenwind ist nochmals stärker geworden und zehrt an meinen Energiereserven. Warum bläst mir von München so ein scharfer Wind entgegen? Das kann kein Omen sein, nur eine unerwünschte Wettererscheinung.

Nach einigen Kilometern komme ich nach Fürstenfeldbruck, vorbei ist der Komfort der Radwege, dafür gibt es erste

Hinweisschilder nach München. Tatsächlich werden schon ein paar Milligramm körpereigene Endorphine freigesetzt.

Hinter Fürstenfeldbruck muss ich mir die enge aufwärtsführende Bundesstraße mit freitagnachmittäglichem Autoverkehr teilen. Ich versuche die Steigung möglichst zügig hinaufzutreten, hinter mir eine lange Autoschlange, die wegen heftigem Gegenverkehr nicht an mir vorbeikommt. Keiner hupt, weit und breit ist auch kein Radweg zu entdecken. Das müssen die Autofahrer jetzt hinnehmen. Dann doch erste Überholmanöver. Ich bleibe am äußersten rechten Fahrbahnrand, ständig bereit, notfalls in die Botanik zu flüchten.

Bis an den Stadtrand von München gibt es abschnittsweise immer wieder Radwege, teilweise jedoch in einem für Rennräder unbefahrbaren Zustand. Ich schäme mich für die Straßenbaukollegen, die derartig schlechte Wege gebaut haben. Wahrscheinlich können oder wollen sie alle nicht Rad fahren.

Im Südwesten der Stadt wird es noch mal richtig heftig, hinter mir ein Omnibus, der zunächst wegen Gegenverkehr nicht überholen will, dann aber doch unbedingt an mir vorbeimuss. Der Abstand zwischen Busblech und meinem Aluminiumlenker beträgt nur noch wenige Zentimeter, dann drängt der Bus noch weiter nach rechts. Ich entscheide mich ohne Nachdenkphase zur Flucht in den angrenzenden Wald. Glücklicherweise stürze ich nicht. Zum Fluchen bleibt mir noch etwas Luft, bevor mir vor Schreck der Atem stockt: »Du blödes Arschloch.« Nur wegen ein paar Sekunden setzte der Busfahrer meine Gesundheit aufs Spiel. Ich bin empört. Zwecklos. Der Bus entfernt sich uneinholbar. Ich beginne einen massiven Hass gegen Autofahrer zu entwickeln. Heute sind mir schon die wunderlichsten Dinge menschlichen

Zusammenlebens widerfahren, nur weil ich auf einem Fahrrad sitze und nicht in meiner dicken Limousine.

Vom Stadtteil Solln fahre ich zur Isar hinunter, jetzt sind es nur noch wenige Hundert Meter bis zum großen Tor von Thalkirchen. Überglücklich rolle ich ins Rivercamp ein. Genau 260 Kilometer von Stuttgart. Ich habe es geschafft, meine Wallfahrt ist zu Ende. Nicht alle Abschnitte waren schön und damit nicht zur Nachahmung empfohlen. Das Gefährdungspotenzial war überdurchschnittlich. Pensionäre, Kleinwagenbesitzer, Zweitwagenmütter und Omnibusfahrer werde ich künftig mit besonderem Argwohn betrachten.

Klar, dass ich mir zur Belohnung erst einmal ein Weißbier aus meinem Camper-Kühlschrank hole. Extrem gut.

AUGUST 2009

Von: Joerg Eschenbach
Gesendet: Montag, 3. August 2009 22:03
An: Rivercamper-Fans
Betreff: Dolce Vita

Liebe Freunde, Urlauber, Deutschlandflüchtige,
ich hoffe, Ihr seid technisch so weit hochgerüstet, dass Ihr mich auch beim Wellenreiten am Waikiki Beach, beim Haistreicheln auf den Malediven, bei der Senioren-Radweltmeisterschaft in Kalifornien oder bei der Mumien-Ausgrabung in der omanischen Wüste empfangen und genießen könnt. So als Ablenkung während der Urlaubstristesse.

Nach einem sonnigen und faulen Wochenende kam ich heute zurück ins Rivercamp. Wie gewohnt ist die Landschaft rund um meinen Camper wieder gut genässt. Auch jetzt, während ich schreibe, tröpfelt Wasser auf dem Dach herum. Aber die Aussichten sind gut, angeblich wird es bald wieder heiß und sommerlich. Möglicherweise schon in diesem Jahr. Immerhin bin ich mitten in München schon in Italien. Man spricht italienisch. Überall. Das nenne ich Komfort. Ohne den Camper bewegt zu haben, befinde ich mich plötzlich im Vino-Rosso-Dolce-Vita-Ambiente. Leider regnet es trotzdem. Bei diesem Wetter verkriechen sich sogar die Italiener in ihren Unterkünften.

Apropos kriechen. Wie ich heute so vor meinem Vorzelt stehe, um den Haupteingangsreißverschluss nach oben zu ziehen, sehe ich eine große Schnecke die Zeltwand emporkriechen. Jetzt wird meine Behausung schon von Kriechtieren erobert. Wahrscheinlich auf der Flucht in eine trockenere Umgebung. Da kann ich nicht helfen. In meinem Vorzelt kann ich keine Mitbewohner dulden. Raus hier.

Die nächste Regenlücke animiert mich zur Flucht. Ein Lauf über die schon gewohnte Strecke: auf dem Isarhochwasserdamm südwärts. Das Wasser ist wieder gewitterregenbraun. Nach den vielen Radkilometern der letzten Woche fällt mir die Umstellung auf die Laufbewegung ziemlich schwer. Hinauf zur Großhesseloher Brücke. Es tröpfelt. Über die Isar und auf der anderen Seite wieder hinunter zur Isar. Meine Oberschenkel erinnern mich ständig an meine Wallradfahrt. Flaucherbrücke. Rückweg. Für heute reicht's. Es lief sich schon leichter.

Euer lässiger Leichtläufer Jörg aus dem Rivercamp

Von: Joerg Eschenbach
Gesendet, Dienstag, 4. August 2009 22:48
An: Rivercamper-Fans
Betreff: Heimweh

Liebe Fans,
eine Thalkirchner Sommernacht ging viel zu früh zu Ende. Um fünf mein erster Blick auf die Uhr. Der nächtliche Regen prasselte ohne merkliche Unterbrechung auf das Dach meines Gehäuses. Ein erholsamer Schlaf konnte sich dabei nicht einstellen. 6 Uhr. Mein Mobiltelefon erinnerte mich an das geplante Aufstehen. 10 Minuten Zugabe. Dann ging alles blitzschnell. Heizung an. Morgenwäsche. Büroverkleidung. Kofferpacken. Frühstücken zeitlich parallel. Heizung aus. Tür zu. 7 Uhr . Das Thalkirchner Tor stand schon offen. Ab ging die Reise.

Nach getaner Arbeit sitze ich nun hier in Köln auf der Bettkante in Zimmer 104 im 1. Stock eines Null-Sterne-Hotels. Wirtschaftskrise. Sparmaßnahme. Vom Bett aus direkter Blick auf das Zwischenpodest der Fußgängerüberführung zum

S-Bahnhof Deutzer Freiheit. Die Leute könnten mir beim Schlafen die Hand schütteln. Das Bett liegt wirklich verkehrsgünstig. Außer S-Bahn gibt es da noch die Bushaltestelle und den Taxistand, eine sechsspurige Stadtstraße, mehrere Kreuzungen und reichlich Fahrzeuge aller Phon- und CO_2-Klassen.

Wie schön wäre dieser Abend im Rivercamp. Ich leide. Heimweh. Keine Schneider Weisse. Bestenfalls Kölsch aus Fingerhüten. Und dann noch dieses Bett. Kunststoffauflage wegen eventuell inkontinenter Gäste. Daunenkopfkissen und Daunendecke für Temperaturgestörte. Keine Frischluft. Aber eine Klimaanlage für Schwerhörige. Straßenbeleuchtung über dem Bett für Dauer-Bettleser. Kein Schlitz für die Duschmarke.

Ach, Rivercamp, wie bist du schön. Heimweh. Ich will heim, wenigstens nach Thalkirchen.

Grüße aus der Fremde
Euer Dumusstimhotelschlafen Jörg

Von: Joerg Eschenbach
Gesendet: Mittwoch, 5. August 2009 23:46
An: Rivercamper-Fans
Betreff: Polizist im grünen Schlafanzug

Liebe Freunde, liebe fleißige Leser,
Die letzte Nacht in Köln ist berichtenswert:
Vergangene Nacht träumte ich, ich sei Verkehrspolizist. Ich stand in einem grünen Schlafanzug mit Blaulicht auf dem Kopf und einer riesigen roten Trillerpfeife im Mund mitten auf einer Kreuzung, was die meisten Autofahrer nicht störte. Einige bewarfen mich allerdings mit Colabechern, Burger-King-Tüten und Zigarettenresten. Einer versuchte gar, einen Kaugummi auf mein Blaulicht zu kleben. Ich ignorierte es.

Als ein Omnibus der Kölner Verkehrsbetriebe mit hundert Sachen so knapp an mir vorbeiraste, dass er mir meine Trillerpfeife aus dem Mund riss, wachte ich auf. Ich hatte das Eck des Kissenbezugs zwischen den Zähnen.

Dann schlief ich wieder ein, wachte aber bald wieder auf, weil ich der Meinung war, dass da einige Leute neben meinem Bett auf die S-Bahn warten. Blödsinn. Niemand in meinem Zimmer. Wie auch? Unter dem Zimmerfenster jedoch unterhielten sich einige Leute vergnügt und lautstark über irgendeinen unverständlichen Scheiß. Ich schätzte die Uhrzeit auf fünf. »So jetzt reicht's. Ihr Vollidioten.« Es gibt Menschen, die um diese Uhrzeit noch schlafen müssen.

Ich ging in die Badekabine, füllte den Zahnputzbecher mit kaltem Wasser und schwapp, ohne Vorwarnung, raus aus dem Fenster, runter auf das blöde Labergesindel. Zuerst Aufschreie der Verwunderung, dann lautstarke Beschimpfung und Flüche von unten. Das war definitiv zu viel für mich. Ich entschied mich für den Nachschlag. Begleitet von einem meinerseits ausgestoßenen Fluch (A…löcher), gab es noch einen Viertelliter frisches Wasser. Fenster zu. Leckt mich.

Das war die letzte Nacht, heute bin ich in einem weniger verkehrsgünstig gelegenen Hotel in Polen und bin wirklich saumüde.

Gute Nacht
Euer Exil-Rivercamper Jörg

Frühstück unter Patronat des Vorsitzenden

Poznan, Donnerstag, 6. August – Kurzschlaf in Poznan (Posen) erledigt. Immerhin ohne Verkehrslärm und ohne sonstige Störungen. Nur ein Problem: zu wenig Schlaf.

Die Schlafstätte identifiziere ich als echten Kommunisten-Hotel-Bunker-Bau, in dessen 15. Stock ich nächtigte. Jetzt bin ich auf Frühstückssuche und starte mit dem Aufzug ins Erdgeschoss. Dort werde ich jedoch nicht fündig. Auf Nachfrage versuche ich es einen Stock höher und entdecke nach einigem weiteren Herumsuchen tatsächlich ein dreisprachiges Frühstücks-Hinweisschild. In dieser Etage steht der Monumentalbau sicher immer noch unter dem Patronat des Vorsitzenden des Parteigenossen-Veteranenvereins, der unter Androhung von bösartigen, verleumderischen Veröffentlichungen die junge demokratisch gewählte Stadtbaurätin überzeugt hat, hier keine baulichen Veränderungen zuzulassen.

Ich folge der Beschilderung über marmorblanken Boden zunächst nach rechts, dann vor einem panzersperrengleichen Treppengeländer nach links und nochmals nach links durch eine große Öffnung in der Holzpaneelwand. Ich erwarte den Frühstücksraum. Njet. Weiter entlang einer Querachse durch den ganzen Monumentalbau bis zu einer Metallfensterfassade, alles absolut luftdicht und damit frischluftfrei. Der Boden dünstet noch die Tränen der Parteiauflösungsversammlung vor zwanzig Jahren aus. Endlich nochmals nach rechts. In der Ferne entdecke ich ein Rednerpult mit dahinter aufgestellter Frühstückskontrolleurin.

So komme ich nach einigen Gehminuten atemlos und hungrig dort an. Ich: »Dobre Jutro. Fifteen eleven.« Polnische Antwort: »Thank You.«

Rechts abbiegen. Da ist sie ja, die monumentale Frühstückshalle. Das Frühstück ist dann weniger monumental. Als Reiseproviant nehme ich mir für den Rückweg in den 15. Stock die letzte Banane aus der Obstschale.

Kofferpacken. Auschecken. Zusammen mit meinen Kollegen fahre ich dann per Taxi zum Gesprächstermin. Heute ist Beratertag. Wir sprechen über Methoden zur verschwendungsfreien Abwicklung von logistischen Prozessen. Ein gutes Gespräch. Das Pilotprojekt ist festgelegt.

Italienisch spülen

Während meiner Fahrt vom Flughafen München ins Rivercamp nach Thalkirchen denke ich angestrengt darüber nach, wie ich meinen heutigen Abend verbringen soll. Das Wetter ist eindeutig outdoorgeeignet, tatsächlich sommerlich, blauer Himmel, trocken, kein Regen in Sicht, kein Donner in Hörweite, angenehm temperiert.

Verschiedene Biergartenvarianten gehen mir durch den Kopf, Flaucher, Waldschenke, Großhesselohe, Menterschwaige, Maria Einsiedel. Die Auswahl ist groß und verlockend. Die

Erwartung von Bier kann bereits glücklich machen. Wie komme ich hin und wie wieder zurück? Zu Fuß? Zu Fahrrad? Beleuchtung? Schwierige Fragen am Ende eines langen Tages.

Ja und dann? Ja, dann ringe ich mich zu der langweiligen Erkenntnis durch, dass ich eigentlich viel zu müde bin für einen weiteren Ausflug. Auch dann, wenn Biergartenbelohnung winkt. Ich bleibe also zu Hause im Camper. Koffer auspacken. Ein bisschen Haushalt. Reste essen. Nachbarn checken.

Unweit von meinem Grundstück entfernt steht heute ein ganzer echter Omnibus. Die zahlreichen Passagiere stammen, der Augenstellung nach zu schließen, irgendwo aus Asien. Die Sprache kann ich nicht zuordnen. Ich würde gern wissen, wo die heute alle schlafen wollen.

Geschirr spülen sieht heute so aus: Alle fünf Waschbecken sind belegt. Vier Italienerinnen und ich. Wer hat schon die Chance, zusammen mit vier italienischen Mammis Geschirr abzuwaschen? Ich! Heute gab es wohl Spaghetti Bolognese, Spaghetti aglio olio, Spaghetti con cinghiale. Während wir fleißig waschen, sind die dazugehörigen Männer wohl schon bei der zweiten Flasche Rosso.

Von: Joerg Eschenbach
Gesendet: Montag, 10. August 2009 21:21
An: Rivercamper-Fans
Betreff: Spanisch spülen

Hallöchen, liebe Freundchen des süddeutschen Sommers, hier bin ich noch mal, Euer Camper vom Fluss, der Riverschorsch.
Alles hat einmal ein Ende, nur die Wurst hat drei (Till Eulenspiegel).

Diese Woche geht das Camperleben im Rivercamp am Isarstrand in Thalkirchen tatsächlich zu Ende. Drei Nächte noch. Abschiedsfreude und Abschiedstrauer bewegen mich. Die Trauer schränkt sich jedoch soeben deutlich ein. Das Camp ist wegen Überfüllung für Neuankömmlinge nicht mehr zugänglich. Gesperrt! Zwei locker schräge Vögel verwehren den Zugang, wenn man keine spezielle Campernummerntafel hat. Was sie zu den Abgewiesenen sagen, weiß ich nicht. Mir wurde Einlass gewährt, und nach Herunterlassen meiner Fensterscheibe und Vorzeigen meiner hölzernen Platznummerntafel wurde mir der Einfahrtssegen erteilt: »Genau das wollten wir sehen.« Dabei waberte mir eine Alkoholwolke bemerkenswerten Ausmaßes entgegen.

Es ist also auch für mich nun Zeit, Platz zu machen für die Zugereisten, die Müden, die Erwartungsvollen, die Ungewaschenen, die Maßkrugsucher und die Münchnerrathausblitzer. Und vielleicht sind sie ja völlig ausgetrocknet. Hier kann euch geholfen werden. Vor meinem Camper hat sich erneut eine Seenlandschaft gebildet. Hackengang zeltwärts. Und dann dauert es auch nicht lange, bis das allabendliche Thalkirchner Gewitter heftig loslegt und den Wasserstand der noch nicht kartografierten Seen nochmals um ein paar Zentimeter erhöht. Das Dachgeprassel ist so laut, dass ich vom Donner fast nichts höre. Thalkirchner Sommer eben.

Ich sehe ein paar nette Spanierinnen beim Geschirrspülen. Da könnte bei gemeinsamer Arbeit vielleicht Sommerfeeling entstehen, das muss ich mir gönnen. Rasch raffe ich Geschirr, Gläser, und was sonst noch so ungewaschen herumsteht, in die königsblaue Plastikwanne; Lappen und Spülmittel dazu. Zurück zu den Wäscherinnen. Da ist jetzt nur noch eine. Egal, ich lege los. Spüle, schrubbe, putze, spüle. Die Spanierin sagt in fließendem Spanisch, es käme ihr spanisch vor, dass ich mein Geschirr hier in München wasche statt in Spanien. Wo sie recht hat, hat sie recht, denke ich, da ich nicht spanisch spreche. Bald trage ich mein sauberes Geschirr wieder zurück vom spanischen Sommer in den Thalkirchner Camper.

Leider habe ich meinen Neoprenanzug nicht dabei, sonst könnte ich noch zu einem kleinen Spaziergang ausrücken. So ist eben Hausarrest angesagt. Außerdem bin ich dank netter Wochenendspenden verschiedener Leser gut für das Abendessen ausgerüstet. Da gibt es feinen Prosciutto von Stefans Geburtstagsfest und einen Kasten Licher Weißbier vom Cousin. Er konnte das ewige »und jetzt noch eine Schneider Weisse« nicht mehr lesen. Jetzt habe ich ein Problem. Kann man guten Gewissens im Rivercamp ein Licher Weizen trinken? Na ja, heute vielleicht, meine Schneider Weissen sind nämlich ausgetrunken. Mögen mir die Bayern im Himmel verzeihen, gestraft haben sie mich ohnehin schon genug.

Grüße aus Prassilien
Von Eurem Riverschorsch

Von: Joerg Eschenbach
Gesendet: Montag, 10. August 2009 23:24
An: Rivercamper-Fans
Betreff: Dreckskarre

Liebe Fans,
bitte nicht traurig sein, ich schreibe noch ein bisschen weiter. Stellt Euch diesen nächtlichen Vorfall vor: Ich gehe frisch geduscht und mich auf mein Bett freuend, mit Regenschirm gegen himmlische Duschung geschützt, in Richtung meiner Behausung. Da sehe ich ein Licht vor meinem Wohnanhänger. Was ist das? Macht sich hier jemand an meinem Auto zu schaffen? Was ist da los? Dann muss ich folgende Ungeheuerlichkeit feststellen: Da hat jemand seine Dreckskarre auf meinem Grundstück geparkt, zwischen meinem Auto und meiner Grünstreifenabgrenzungshecke, wo eigentlich überhaupt nichts dazwischenpasst. Ehrlich gesagt, weit und breit ist auch keine Lücke mehr zu finden. Ich kann das trotzdem nicht verzeihen. Ich ärgere mich weiter. Man könnte ja wenigstens mal anklopfen und fragen.

Ob ich heute Nacht wohl schlafen kann. So eine rotzige Mistschaukel.

Aber es ist ja auch wirklich zum Aus-der-Haut-Fahren.

Schlaft gut.
Riverschorsch

Von: Joerg Eschenbach
Gesendet: Dienstag, 11. August 2009 20:54
An: Rivercamper-Fans
Betreff: Der letzte Schrei

Liebe Freunde,
der gestrige Abend hatte noch eine Fortsetzung:
Ich versuchte, mich friedlich in mein Bett zu legen und friedlich zu schlafen. Trotz Falschparker. Spät genug war es ja, und müde war ich auch. Aber im spanischen Nachbarcamper wollte sich keine Ruhe einstellen. Fensteraufundzugeräusche. Hinundhergeräume. Ich konnte das alles nicht zuordnen. Vielleicht wollten die Spanier ganz früh aufbrechen und machten ihren Schlafanhänger schon mal reisefertig. Aber so viel gibt es doch gar nicht zu hantieren. Die Geräusche wollten kein Ende nehmen. Will denn der Spanier seinen Bürstner-Camper nachts in ein Motorboot umbauen?

Ich begann ernsthaft zu erwägen, zwecks Erinnerung an die allgemeine Hüttenruhe ab 23 Uhr anzuklopfen. Aber wenn man mal im Bett liegt, fällt die Entscheidung zugunsten einer mit Aufstehen verbundenen Aktivität erfahrungsgemäß sehr schwer. Ich blieb liegen. Im Nachbarcamper wurde weiter aufgeräumt.

Dann einige kurz hintereinander ausgestoßene Urlaute (vom Spanier). Jetzt hat ihm wohl seine Frau auf die Finger gehauen. Jedenfalls war dann Ruhe.

Heute Morgen fuhren sie weiter nach Linz. Anschließend wollen sie nach Wien und auf dem Weg zurück nach Villalba a Guadarrama wieder in Thalkirchen Station machen. Die Unterhaltung war nur erschwert möglich. Des Spaniers Englisch war nur so gut wie des Deutschen Spanisch.

Das war der dritte und letzte Teil zum gestrigen Tag/zur gestrigen Nacht.

Grüße vom
Rivercamper Jörg

Der letzte Lauf

Die fleißigen Spanier sind geflüchtet. Casa Familia heißt mein neues Nachbargebäude. Das Ding ist so groß wie eine ganze Reihenhaussiedlung. Wahrscheinlich wurde es während meiner Abwesenheit von einem Lastenhubschrauber hier abgesetzt. Eine zehnköpfige Familie inklusive je einem Haustier lässt sich in dieser Siedlung komfortabel unterbringen. Momentan scheinen die Bewohner allerdings ausgeflogen zu sein, auf jeden Fall rührt sich nichts. Nichts zu sehen und auch nichts zu hören. Obwohl ich doch so neugierig bin, wer heute neben mir schläft oder mich nicht schlafen lässt.

Heute ist die wahrscheinlich letzte Gelegenheit für einen Thalkirchner-Campinglauf. Das will und kann ich mir nicht nehmen lassen. Zu Ehren dieses Ereignisses ziehe ich mir mein Wien-Marathon-Finisher-Hemd an. Leider musste ich diesen Marathon wegen Problemen an einem meiner Kniegelenke bereits vor dem Start finishen; teilgenommen hatte ich nur bis zur Startnummern- und Hemdenausgabe.

Heute habe ich ein ganz anders Handicap. Das vergangene vergnügliche Wochenende hat meinem Körper zugesetzt und das Gewicht erhöht. Das nenne ich Erschwernis.

Zurück im Camp, begrüße ich meine neuen Nachbarn aus der Reihenhaussiedlung. Familie mit reichlich Nachwuchs, teilweise deutlich unter drei Jahren. Ob die wohl alle gut und lautlos schlafen?

Von: Joerg Eschenbach
Gesendet: Mittwoch, 12. August 2009 22:21
An: Rivercamper-Fans
Betreff: Der letzte Report

Hallo und guten Abend, liebe Freunde rund um den Globus,
Hi dear friends all over the world,

zuerst einmal meinen besonderen Camper-Dank an Euch alle für Euer Interesse an meinen täglichen Überlebensübungen hier im Rivercamp.

First of all my special thanks to all of you for your interest in my daily survival training here on the campground at the river Isar.

Ich bin zuversichtlich, dass ich nun genug Geschichten und auch ausreichend Motivation für mein Buch gefunden habe.

Positively thinking I guess I have collected enough stories and enough motivation for writing/finishing my book, which will be written in German first.

In Kürze werde ich Euch auch eine kleine Bilderserie schicken können.

Shortly I will be able to send you a first picture show.

Nun, die letzte Nacht ist angebrochen. Im letzten Büchsenlicht habe ich meinen Freund, den Camper (das steht wirklich außen drauf) entkleidet. Jetzt steht er nackt und frierend (ohne Vorzelt) im nächtlichen Nebel der Isarauen. Morgen früh ziehe ich ihn dann mit Andreas Auto durch den Süden von München nach Stockdorf zur Verleihfirma. Ich bin gerade dabei, noch einen Teil der restlichen Vorräte zu verschlingen, dazu eine Schneider Weisse, die letzte (es war doch noch eine da).

Dies ist der letzte Report aus dem Rivercamp.

Wer hilft mir morgen früh beim Ausparken meines Wohnanhängers? Schnelle Antwort erbeten.

Nächtliche Grüße aus dem Rivercamp
von Eurem Rivercamper Riverschorsch

Von: Joerg Eschenbach
Gesendet: Mittwoch, 12. August 2009 23:44
An: Rivercamper-Fans
Betreff: Sternschnuppe

Liebe Freunde,
auch auf die Gefahr hin, dass Ihr mich nicht verstehen könnt, den Kopf schüttelt – Abschied macht sentimental.

Natürlich freue ich mich darauf, mit meiner lieben Andrea wieder dauerhaft zusammenleben zu können. Natürlich freue ich mich auf die Annehmlichkeiten eines sogenannten zivilisierten Lebens. Aber ich weiß, ich werde ihn vermissen, meinen Camper, mein Hütte am Fluss. Ich werde sie vermissen, die Gerüche und die Geräusche des Rivercamps. Das Auf und Zu der schweren Zeltreißverschlüsse, das vorsichtige, unvermeidliche Schlagen der Fahrzeugtüren, den Holzkohlenrauch, das internationale Stimmengewirr, die Campingtischlaternen, die frisch gewaschenen, sauber in Reihe aufgehängten Wäschestücke auf den Abspannleinen, die Waschhausgänger, die Rufe der Graugänse am frühen Morgen, das Regenprasseln auf dem Camperdach, die morgendliche Ausfahrt, die abendliche Rückkehr, die Wäscher und Wäscherinnen an den Geschirrspülbecken, die unglaubliche nächtliche Ruhe inmitten von tausend Campern, meinen Essschreibtischplatz, meine Korrespondenz mit Euch, den Rivercamperfans.

Ich habe mir meinen letzten Krummen Hund (Zigarillo) angezündet, den tatsächlich letzten Schluck Whisky eingefüllt und noch einen nächtlichen Spaziergang durch das Camperdorf gemacht und eine Sternschnuppe gesehen. Da darf ich mir was wünschen: genug Zeit und Kraft für weitere

Erlebnisse außerhalb ausgetretener Pfade. Möge der Wunsch in Erfüllung gehen.

So und jetzt gute Nacht, wer noch nicht schläft, und guten Morgen, wer schon schläft

Euer Rivercamper Jörg

Der letzte Regen

München, Donnerstag, 13. August, 6:00 – Aufstehen. Die sich gestern Abend bereits ankündigende Erkältung konnte mein Körper während der Nacht leider nicht besiegen. Ich fühle mich leicht fiebrig. Die Nase läuft. Erkältungen kommen immer zur falschen Zeit, der heutige Tag ist besonders unpassend. War mir gestern zu kalt, haben meine Widerstandskräfte Schaden genommen? Die Ernährung war bestimmt nicht immer ausgewogen, schon gar nicht optimal, sicher zu wenig Vitamine. Und definitiv zu wenig Schlaf.

Doch jammern hilft mir jetzt nicht, mir hört ja noch nicht einmal jemand zu. Ich muss heute hier raus, ich muss meinen Camper endgültig ausräumen. Für neun habe ich die Rückgabe vereinbart. Für meinen Hausstand habe ich zu wenig Behälter. Der Rollkoffer und meine Reisetasche sind schon voll, sogar Plastiktüten sind knapp. Schränkchen für Schränkchen, Lädchen für Lädchen, alles wird ausgeräumt und in Andreas Auto gestopft. Mein Bergrad steht noch draußen vor der Tür. Die morgendliche Helligkeit will sich nicht einstellen. Ein Blick zum Himmel bestätigt, warum: dunkelschwarze Wolken. Das kennen wir nun schon, und das verheißt nichts Gutes, zumindest nichts Trockenes. Tatsächlich, es geht schon los, erste Regentropfen treffen Camper, Bergrad und mich. Weil mein Rad aber erst ganz am Ende des Packvorganges in mein Auto kann und ich natürlich auch kein nasses Fahrrad im Innenraum transportieren will, muss das Rad jetzt in den Camper. Das wird eng. Ein Durchkommen von hinten nach vorne kaum möglich, mehrfach verhake ich mich am Lenker oder an einem der Bremshebel.

Die restlichen Utensilien will ich nicht im Regen verladen. Mein Warten wird belohnt, unerwartet schnell hört das himmlische Gießen wieder auf. Jetzt aber hurtig. Alles muss raus, sofort, aus dem Camper in das Auto. Unter einer Sitzbank entdecke ich, nein, keinen Schneider-Weisse-Kasten, eine ausgetrunkene Wasserkiste. Wo soll die denn hin? Das Ding passt gerade noch in den Fußraum des Beifahrersitzes.

Weiter geht es nach Checkliste: Gashahn zu. Wassertank auf. Boiler auf. Kühlschrank aus. Schranktüren verriegeln. Und noch zwanzig weitere Punkte. Zum Schluss noch eine Fußbodenreinigung und nun sieht mein Camper wieder aus wie frisch aus dem Laden. Außencheck, Abstützfüße hochkurbeln, Türen zu.

Der Nachbaritaliener deutet bereits an, dass er beim Ausparken helfen will. Ich recke meinen rechten Daumen nach oben. Den Nachbardeutschen, gestern Abend erst aus Kroatien angekommen, kann ich auch kurzerhand aktivieren. Zu dritt schieben wir meine mobile Behausung von meinem Grundstück auf die Flussallee. Ruckzuck hängt die Villa am Haken, und los geht die Reise. Sehr vorsichtig ziehe ich meinen Camper vom Rivercamp durch den Münchner Süden zum Vermieter nach Stockdorf. Mit etwas Verspätung treffe ich ein. Alles bleibt unbeschädigt.

»Ja Wahnsinn! Haben *Sie* den sauber gemacht?«

Ich kann den Sinn dieser Frage zunächst nicht erfassen, das Ding ist doch topgereinigt. »Ja klar.«

»Was, echt, so sauber hat mir ein Mann einen Camper noch nie zurückgebracht.«

So ein Lob, ganz unerwartet. »Danke.«

Die wenigen Formalitäten sind schnell abgewickelt. Jetzt heißt es Abschied nehmen. »Tschüss, lieber Camper. Mach's gut.« Ich streichle ihm nochmals die Nüstern.

Vielleicht seht Ihr ihn ja mal irgendwo auf der Autobahn. »Dethleffs Camper« steht hinten drauf, STA-XK 126. Seid freundlich und lächelt. Er hat es verdient.

Beim Wegfahren blicke ich in den Rückspiegel. Das macht mich wehmütig, und ich bin mir fast sicher, dass ich ihn nie wiedersehen werde.

Epilog

Vor genau neun Wochen habe ich meinen Wohnwagen auf den Campingplatz von Thalkirchen gezogen. Die meisten Camper verlassen den Campingplatz am Ende ihres Urlaubs, um anschließend wieder zu arbeiten; bei mir ist es umgekehrt. Nun, nach Aufgabe meines Wohnsitzes im Rivercamp, steht ein zweiwöchiger Sommerurlaub zusammen mit Andrea in den Berchtesgadener Bergen an. Ich freue mich auf die nächsten beiden Wochen, endlich ist unsere kleine Familie wieder vollständig, das gemeinsame Leben nicht auf die tägliche Kommunikation, bestehend aus einem kurzen morgendlichen und einem etwas längeren abendlichen Telefongespräch, beschränkt.

Der Aufenthalt im Rivercamp war für mich weder mit körperlichen noch mit psychischen Strapazen verbunden. Davon werde ich mich also nicht erholen müssen. Anstrengender waren für mich sicher die vielen Reisen und die oftmals sehr kurzen Nachtpausen. Nun steht einigen ausgiebigen Ausschlafrunden nichts mehr entgegen. Und vielleicht hört die tägliche Dauerberegnung auch endlich auf.

Die außergewöhnlich schlechten Wetterbedingungen empfand ich tatsächlich als die größte Störung meines Rivercamp-Aufenthaltes. Dauerregen, Hochwasser und sommerliche Kälte hatte ich nicht erwartet. Die von mir in Erwägung gezogene Zelt-Variante hätte sich möglicherweise zu einer Wohlbefindens-Katastrophe entwickelt. In meinem Camper war ich dagegen immer wasserdicht und warm untergebracht. Das hatte ich richtig entschieden. Glück gehabt.

War die Camping-Lösung nun tatsächlich besser als ein Aufenthalt im Hotel? Hat mich das Rivercamp glücklicher gemacht? Habe ich mich verändert? Hat mich das Campingleben verändert? Welche meiner Vorsätze konnte ich umsetzen, welche nicht? Habe ich meine Entscheidung je bereut? Was habe ich vermisst, was hätte ich besser machen können? Auf was hätte ich verzichten können? Hat es wirklich Spaß gemacht? Würde ich wieder auf einen Campingplatz ziehen?

Ich habe dazugelernt. Meine Augen sind größer geworden, meine Ohren auch. Ich bin tatsächlich aufmerksamer geworden, vor allem gegenüber den kleinen Dingen des Lebens. Das hat sicher ganz wesentlich auch damit zu tun, dass ich meine Erlebnisse in einem Tagebuch festgehalten habe und dass ich in einem fast täglichen Mail-Kontakt mit meinem und Andreas Freundeskreis gestanden habe. Vermisst habe ich Andrea, sonst tatsächlich nichts. Ich weiß aber auch, dass meine Erlebnisse als Camping-Einsiedler sicher anderer Art waren, als wir sie zu zweit erfahren hätten.

Wohnanhänger auf der Autobahn sehe ich seit dem Einzug in meinen Rivercamper mit ganz anderen Augen. Früher habe ich immer über sie und ihre Besitzer gelächelt, jetzt lächle ich mit ihnen. Ich freue mich mit ihnen, über das Stück Freiheit, dem sie entgegenfahren, und denke an meine Zeit in meiner Villa am Fluss. So ganz nebenbei bin ich außerdem zum Spezialisten in Sachen »Wohnanhänger« geworden. Von Weitem erkenne ich bereits den Hersteller, ich kenne die verschiedenen Größen, die Grundriss- und Ausstattungsvarianten. Ist das nicht bewundernswert?

Ich kann (immer noch) über mich lachen. Wenn ich mich auch über ein Missgeschick geärgert habe (was der Norm entspricht) – wenig später empfand ich die Situation als belustigend, und ich erkannte darin den Kern für eine neue Geschichte. Ich bin überzeugt, dass das Lachen über sich selbst das allgemeine Wohlbefinden ganz erheblich steigert.

Körper und Geist ist uns für unsere Lebenszeit geliehen, von wem auch immer. Was wir damit und daraus machen, unterliegt nur zum Teil unserem Einfluss. Warum also alles so ernst nehmen? Freuen wir uns jeden Tag aufs Neue, auch über uns selbst. So war es auch im Rivercamp.

Außer dem Wetter haben mich die Sanitäranlagen besonders gestört. Das betraf sowohl das prinzipielle Konzept als auch den Reinigungszustand. Zehn Toiletten, zwölf Duschen und zwanzig Waschbecken unter einem Dach, nur teilweise durch Sichtschutz voneinander getrennt, Reinigung nur einmal täglich, das verlangt einen hohen Grad an Unempfindlichkeit. Für mich war dieser Zustand nur unter Auferlegung der höchsten Humorstufe hinnehmbar. Ich empfand es als äußerst störend, wenn sich ein Waschhausmitbenutzer am Nebenwaschbecken die Zähne putzte und dabei ganz selbstverständlich seinen Morgenfurz ausblies. Wobei mich der Furz an sich nicht störte; die Vorstellung jedoch, dass ich wenig später diese Körperabgase zumindest teilweise tatsächlich einatmete, löste bei mir unweigerlich die schrecklichsten Erstickungsanfälle aus.

Einige Vorhaben konnte ich trotz bester Motivation tatsächlich nicht umsetzen. Meine sparsam bemessenen Lebensmittelvorräte habe ich nicht aufgegessen, insbesondere das Chili-Glas konnte ich nicht leeren. Mehr als eine Currywurst konnte ich nicht essen, was an der Wurst lag. Das Surfen auf der direkt vor dem Rivercamp stehenden Isarwelle habe ich trotz heftigstem Verlangen noch nicht einmal ausprobiert. Um auf dieser Welle wenigstens einige Sekunden lang mit dem Surfbrett bestehen zu können, hätte ich sicher viele Stunden üben müssen. Diese Stunden hatte ich nicht, was unter anderem auch dem extrem schlechten Wetter zuzuschreiben war.

Von den vielen ganz sicher angekündigten Freunden hat mich fast niemand besucht. Vielleicht waren meine Berichte schon so erschöpfend oder abschreckend, dass eine darüber hinausgehende Neugierde gegen Null tendierte. Vielleicht war auch das Wetter schuld, oder meine häufige Abwesenheit.

Ich hatte umfangreiche Kontakte mit Campingplatzbewohnern erwartet, tatsächlich waren die Kontakte nur auf einige Gespräche beschränkt. Gemeinsames Grillen oder nachbarschaftliches Biertrinken fand im Rivercamp kaum statt. Meinen spärlichen italienischen und spanischen Wortschatz konnte ich somit leider nicht erweitern. Wahrscheinlich war auch das ein Tribut an den Regen, der den Aufenthalt im Freien und damit die Kontaktmöglichkeiten erheblich einschränkte. Die geplanten Lauf- und Radkilometer habe ich bei Weitem nicht erreicht, die geplanten Boulder-Einheiten im Klettergarten unterhalb von Buchenhain musste ich wegen der andauernden Nässe komplett von meinem Plan streichen. In der Summe war ich, gemessen an den widrigen Verhältnissen, mit meinen sportlichen Aktivitäten trotzdem ganz zufrieden.

Gemessen an einer 200-Quadratmeter-Wohnung war mein Hausstand spärlich. Vermisst habe ich jedoch nichts, ich hatte sogar immer noch zu viel Kleidung und eine deutlich zu umfangreiche Küchenausstattung an Bord. Auf einen Fernseher hatte ich von Anfang an verzichtet; das eigens für meinen Campingaufenthalt erstandene Radio war bei meinem Auszug immer noch original verpackt. Es ist sehr erstaunlich, was man alles nicht braucht. Obwohl man doch meist anderer Meinung ist.

Für mein leibliches Wohl hatte ich immer ausreichend gesorgt. Außer meinem Currywurst-Versuch verzichtete ich allerdings, zum Wohle meiner Gesundheit, auf weitere

Besuche des Campingplatz-Restaurants. Die bordeigene Getränkeversorgung war angemessen, das Weißbier meistens alkoholfrei. Mein Körper hat an Gewicht nicht zugenommen, aber auch nicht abgenommen.

Ganz bestimmt war ich zufriedener und glücklicher als in einem Fünf-Sterne-Hotel der Münchner Innenstadt. Die Einfahrt ins Rivercamp hat bei mir immer zu einer Ausschüttung von Endorphinen geführt. Erstaunt war ich über das hohe Maß an gegenseitiger Rücksichtnahme; außer im Sanitärbereich habe ich mich, von ganz wenig Ausnahmen abgesehen, nie von anderen Bewohnern gestört gefühlt. Offensichtlich gibt es unter Campern einige ungeschriebene Regeln, die das Zusammenleben ganz wesentlich erleichtern und zur Entspannung beitragen. Erstaunlich hoch empfand ich die Hilfsbereitschaft. Der Mensch ist gut, offensichtlich besonders dann, wenn er auf einem Campingplatz weilt.

Ganz klar, ich würde es wieder tun. Wahrscheinlich nicht gerade während eines verregneten Sommers auf dem Campingplatz in Thalkirchen, aber in und um München gibt es keine Alternativen. Schon lange träume ich von einem Sommer auf einer Almhütte, die nur zu Fuß erreichbar ist. Ohne Strom und ohne Duschmarken, dafür mir Kühen, Schafen und frischem Quellwasser vor der Hüttentüre. Vielleicht wird auch dieser Traum noch wahr.